U0121087

巧厨娘艺术美食

追剧小零食

马小马　齐　岩　西镇一婶
人鱼弟弟　简小凉　邹小捏
——著

青岛出版集团｜青岛出版社

图书在版编目（CIP）数据

追剧小零食 / 马小马等著 . — 青岛 : 青岛出版社 ,
2023.3
ISBN 978-7-5736-0589-4

Ⅰ . ①追… Ⅱ . ①马… Ⅲ . ①小食品 - 制作 Ⅳ .
① TS219

中国版本图书馆 CIP 数据核字 (2022) 第 217281 号

ZHUIJU XIAO LINGSHI

书　　名　追 剧 小 零 食
著　　者　马小马　齐　岩　西镇一婶　人鱼弟弟　简小凉　邹小捏
出版发行　青岛出版社
社　　址　青岛市崂山区海尔路182号（266061）
本社网址　http://www.qdpub.com
邮购电话　0532-68068091
策　　划　周鸿媛　王　宁
责任编辑　刘百玉
装帧设计　LE.W　毕晓郁
制　　版　青岛千叶枫创意设计有限公司
印　　刷　青岛海蓝印刷有限责任公司
出版日期　2023年3月第1版　2023年3月第1次印刷
开　　本　16开（710毫米 × 1010毫米）
印　　张　10.5
字　　数　250千
图　　数　613幅
书　　号　ISBN 978-7-5736-0589-4
定　　价　49.80元

编校印装质量、盗版监督服务电话：4006532017　0532-68068050
建议陈列类别：美食类

目录

第一章 穿越了

第二章 甜到了

第三章 美翻了

第五章 辣爽了

第六章 喝一杯

第一章 穿越了

几乎每年都会有一部甚至多部古装剧“霸屏”，从《甄嬛传》等清宫剧到《梦华录》等宋代剧，从“古偶”剧到历史剧……在剧中，我们经常看到各种各样的传统茶点，它们既精致，又诱人。

现在，就让我们来复制几款古装剧中出现过的中式茶点吧！再加点儿现代的元素，既有传承，又有创新，既好看，又好吃。

一到秋天，古装剧中的华贵妇人们就会吃红豆糯米糕。这款糯叽叽的小点心有着蜜红豆的香气，一口咬下去，从嘴到心都是甜丝丝的。

让我们来复制这款古装剧中出镜率很高的红豆糯米糕吧！即使是厨房新手、小白、“手残党”，也不会失误的，保证一学就会。

材 料

牛奶…………140 克	蜜红豆……… 60 克	玉米淀粉………15 克
糯米粉………100 克	细砂糖…………15 克	玉米油…………适量

步 骤

1.
混合糯米粉、玉米淀粉、细砂糖和牛奶，搅拌均匀后过筛，制成糯米糊。

2.
在模具中薄薄地刷一层玉米油。

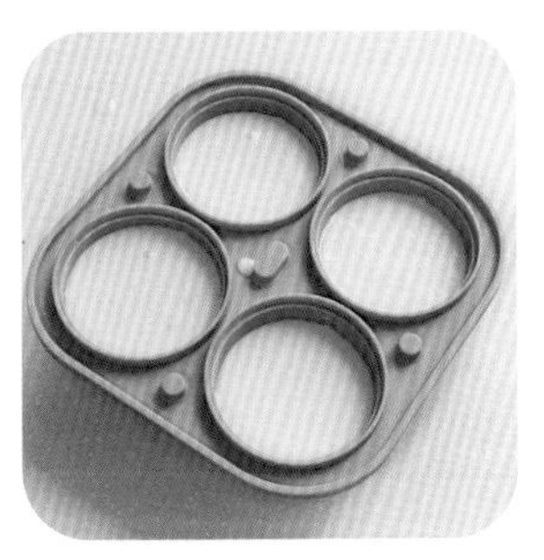

3.
将糯米糊倒入模具，至七分满，剩余糯米糊备用。

4.
待蒸锅内水开后上锅，蒸 8 分钟。

5.
取出模具，在模具未满空间里加上蜜红豆。

6.
倒入剩余糯米糊，填满模具。

7.

再次放入蒸锅，水开后继续蒸15分钟。

8.

取出模具，放凉，倒扣脱模，完成。

为什么要分两次蒸？

这样可以实现分层：顶部的“玫瑰花瓣”是白色的，蜜红豆都在“花”的底部。如果不想要分层，不介意蜜红豆在“花”的顶部，可以将蜜红豆与过筛的糯米糊混合均匀后，一次性装满模具，然后蒸23分钟即可。

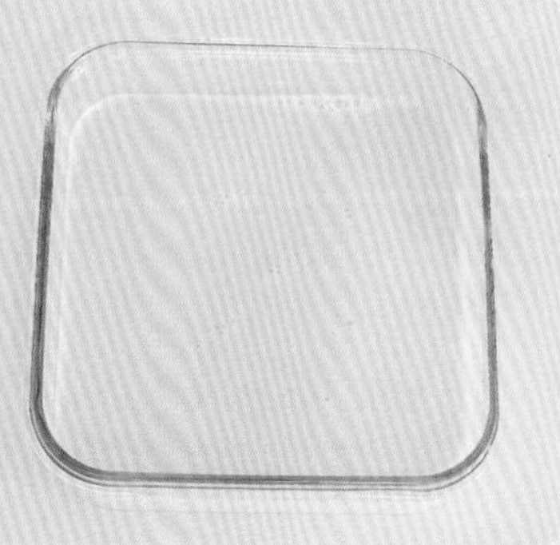

没有模具怎么办？

可以用平底的透明玻璃饭盒或其他可以上锅蒸的容器替代模具，蒸好后取出整块红豆糯米糕，切成小块即可。

藕粉桂花糕
桂花糕是一款经典糕点，从《甄嬛传》到《梦华录》，它不断地出现在各部热门的古装剧中。
天气渐凉后，这款养胃又好吃的小糕点确实值得一试。糯叽叽、香喷喷，再淋上桂花糖浆，真是太好吃了！

材　料

牛奶…………130 克	藕粉………… 40 克	细砂糖…………15 克
糯米粉………120 克	桂花糖浆………15 克	玉米油…………适量

步　骤

1.

混合65克牛奶、藕粉、40克糯米粉和桂花糖浆，搅拌均匀，制成藕粉糊。

2.

在模具中薄薄地刷一层玉米油。

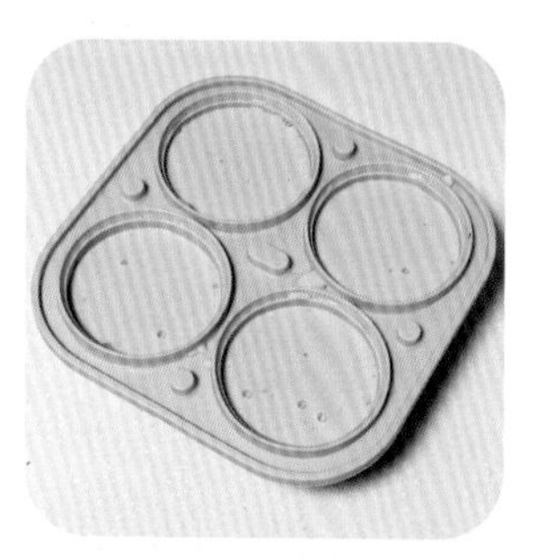

3.

倒入藕粉糊。

4.

待蒸锅内水开后上锅，蒸20分钟，然后脱模，制成藕粉糕（深色）。

5.

混合细砂糖和剩余糯米粉、牛奶，用同样的方法制作糯米糕（浅色）。

6.

在藕粉糕和糯米糕上淋上桂花糖浆（分量外），完成。

火龙果藕粉糕
我曾在一部清宫剧中看到妃子们在吃一款紫红色的糕点。糕点的颜色非常艳丽，颜值很高。我便用红心火龙果和藕粉复刻了这种紫红色的糕点。虽说古时候应该是没有火龙果的，不过我想，用现代的食材做做创新，也未尝不可。

材　料

红心火龙果（去皮）……150 克

藕粉 ……50 克

玉米淀粉……15 克

细砂糖……10 克

椰蓉……适量

步　骤

1\. 将红心火龙果切成块。

2\. 将红心火龙果块、藕粉、玉米淀粉和细砂糖放入料理机，打成糊。

3\. 将保鲜膜铺在容器中，然后倒入打好的糊。

4\. 放入蒸箱，用大火蒸 20 分钟，制成藕粉糕。

5\. 将藕粉糕放凉，然后切成小块。

6\. 裹一层椰蓉，完成。

抹茶山药芋泥糕

看过《梦华录》之后，很多人都爱上了中式小糕点，现在，就让我们来看看，从《梦华录》中走出来的传统糕点与抹茶、芋泥这样的“网红”食材在一起，能碰撞出什么样的火花吧！

抹茶绿与芋泥紫的碰撞，山药与荔浦芋头的结合，婉约又浪漫。

材　料

铁棍山药（去皮）………………300 克	淡奶油………50 克	红曲粉……0.25 克
荔浦芋头（去皮）………………200 克	牛奶…………30 克	紫薯粉……0.25 克
紫薯（去皮）··60 克	黄油…………15 克	
	熟糯米粉……10 克	
	抹茶粉…………1 克	

步　骤

1\.

将铁棍山药放入微波炉，高火打 4 分钟，然后加入熟糯米粉，压成泥。

2\.

将铁棍山药泥揉成面团。

3\.

取 1/4 份面团与抹茶粉混合，1/4 份面团与红曲粉和紫薯粉混合，揉匀。

4\.

将三种颜色的面团分别等分成 6 份，分别搓成长条。

5\.

取三种颜色的长条各一份，缠绕一下，揉成团。

6\.

压扁，制成面皮。

7.

将紫薯和荔浦芋头分别切成块，待锅内水开后上锅，蒸20分钟。

8.

将黄油、牛奶、淡奶油和蒸好的紫薯块、荔浦芋头块放入料理机，打成泥。

9.

将打好的泥放入锅中，翻炒10分钟，然后放凉。

10.

将放凉的泥揉匀，然后等分成6份，分别揉成团，制成馅料。

11.

用面皮包住馅料，然后揉圆。

12.

滚一层熟糯米粉（分量外），然后放入模具，压成型，完成。

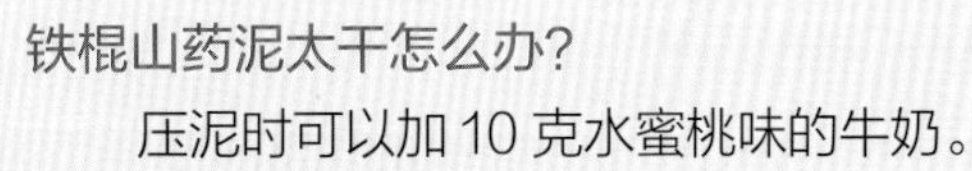

怎样中和抹茶的苦味？

吃的时候可以淋上桂花蜜。

铁棍山药泥太干怎么办？

压泥时可以加10克水蜜桃味的牛奶。

芋泥馅料可以一次做很多吗？

可以，将做好的芋泥馅料放入冰箱冷冻保存，能够保存半个月左右。

山药红薯黑芝麻糕
在看《甄嬛传》时，从御膳房里端出的各种糕点中，我一眼就看到了这款橙白相间的糕点。虽然只有一瞥，虽然我连它的名字都不知道，但我还是想复刻一下，用这款有着太阳般颜色的糕点照耀万物，照耀心灵。

材　料

红薯（去皮）…1个　　黑芝麻馅料…· 90克　　熟糯米粉……· 20克

铁棍山药（去皮）
……………… 250克

步　骤

1.

将红薯和铁棍山药分别切成块，放入微波炉，高火打5分钟。

2.

将打熟的铁棍山药块和10克熟糯米粉放入料理机，打成泥。

3.

将打熟的红薯块和剩余熟糯米粉放入料理机，打成泥。

4.

将铁棍山药泥和红薯泥分别揉成面团。

5.

将两个面团分别等分成6份，揉圆。

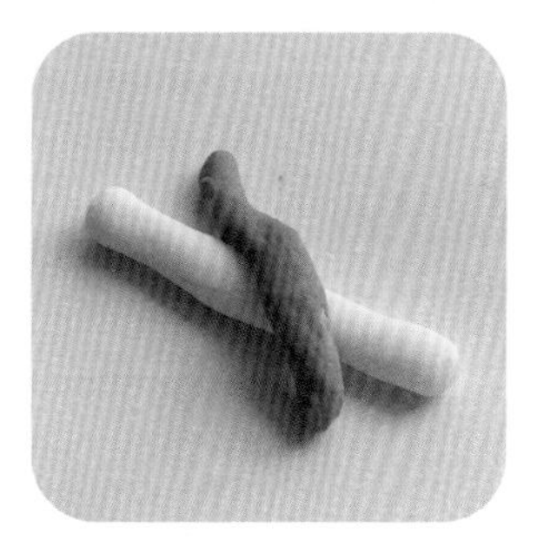

6.

将铁棍山药小面团和红薯小面团分别搓成条，两两交叉。

7.

将交叉的长条揉成团，形成两种颜色交叉的面团。

8.

将双色面团擀成厚面皮，将黑芝麻馅料等分成6份，揉圆，分别放在面皮上。

9.

用面皮包住黑芝麻馅料，揉圆。

10.

滚一层熟糯米粉（分量外），然后放入模具。

11.

压成型，完成。

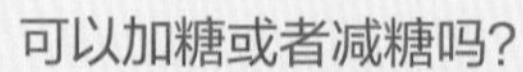

可以加糖或者减糖吗？

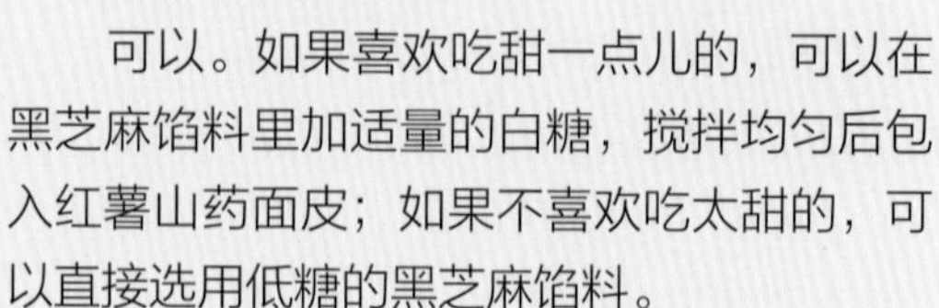

可以。如果喜欢吃甜一点儿的，可以在黑芝麻馅料里加适量的白糖，搅拌均匀后包入红薯山药面皮；如果不喜欢吃太甜的，可以直接选用低糖的黑芝麻馅料。

为什么压出来的糕点总是歪歪扭扭的？

用模具压糕点时，一定要垂直压下，否则糕点会变形。

梅子荔枝琉璃果
好看的剧应该是有内涵的，我们追剧时也应该能从中学到点儿什么。
《梦华录》就是一部好剧，让我们跟着《梦华录》学茶艺、诗词和宋文化，学做江南果子吧！
这款梅子荔枝琉璃果中有梅子露和桂花蜜，还有清甜的荔枝。它玲珑剔透，酸甜可口，老少皆宜。

材　料

荔枝（去皮、去核）……………………3 颗

纯净水……… 250 克

白凉粉…………15 克

梅子露…………适量

桂花蜜…………适量

淡盐水…………适量

装饰花草………适量

步　骤

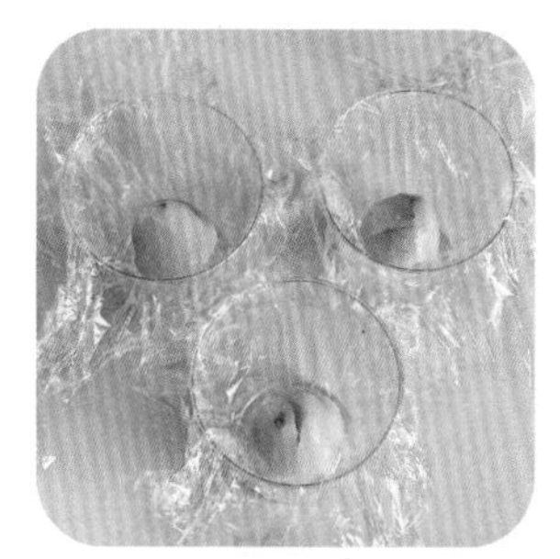

1.

将保鲜膜铺在杯子中，将荔枝过淡盐水后放入。

2.

混合梅子露、桂花蜜和纯净水，煮至沸腾。

3.

加入白凉粉，搅拌至完全溶化，然后倒出，略微放凉，制成梅子汁。

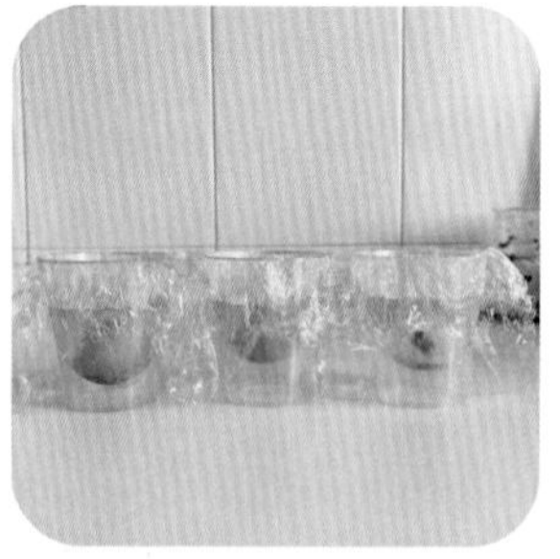

4.

将梅子汁倒入铺有保鲜膜的杯子中。

5.

将保鲜膜从杯子中取出，收口，扎紧。

6.

放入冰箱，吊挂冷藏至凝固，然后脱膜，用装饰花草点缀，完成。

千层荷花酥
古时候的中秋节真是热闹啊！宋代人爱热闹、爱饮酒、爱放假，这从如今许多大火的古装剧中便可见一斑。当我看到剧中的大家庭围坐在一起，吃着各种各样的精致点心时，心动不已。其中，最吸引我的便是这款千层荷花酥了。

材　料

中筋面粉……90 克	冰水…………35 克	奶粉…………15 克
低筋面粉……70 克	细砂糖………35 克	盐……………适量
猪油…………65 克	黄油…………30 克	紫薯粉………适量
椰蓉…………60 克	蛋液…………25 克	

步　骤

1.

混合中筋面粉、30 克猪油、冰水、15 克细砂糖和盐，揉至出粗膜。

2.

将面团等分成 2 份，取 1 份与部分紫薯粉混合，揉匀。

3.

将 2 份面团分别揉圆，裹入保鲜膜，放入冰箱冷藏，制成油皮。

4.

混合低筋面粉和剩余猪油、紫薯粉，用同样的方法制成两种颜色的油酥。

5.

将两种颜色的油皮分别等分成 8 份，然后分别揉圆，压扁。

6.

将两种颜色的油酥分别等分成 8 份，然后分别揉圆，包入同色、压扁的油皮。

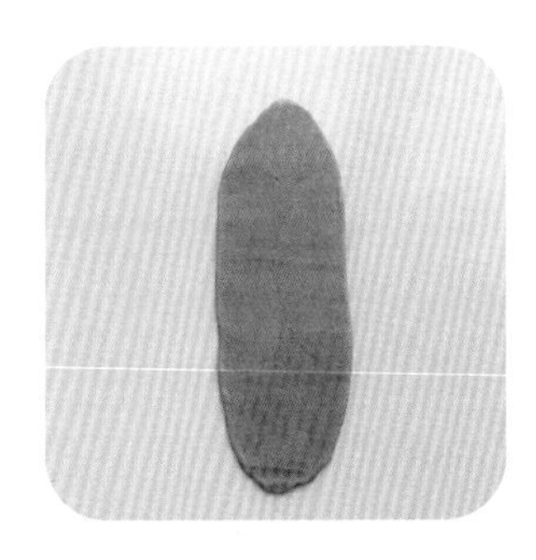

7.

将包好的面团压扁，从面团的中间向上、下各擀一下，擀成长饼。

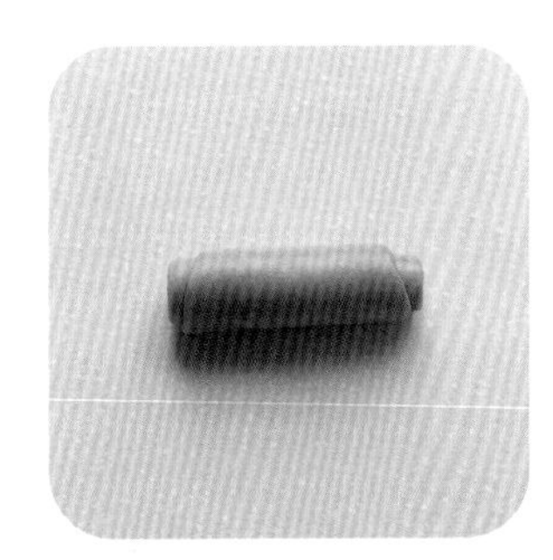

8.

由上向下卷起长饼，卷成面卷。

9.

卷好所有面卷，封上保鲜膜，静置15分钟。

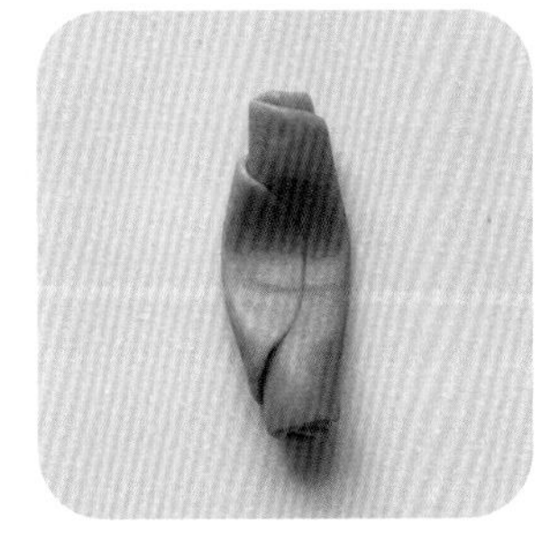

10.

将面卷的接口处朝上摆放，在中间压一下。

11.

向上、下各擀一下，将面卷擀成长约50厘米的长饼。

12.

由上向下卷起长饼，再次卷成面卷。

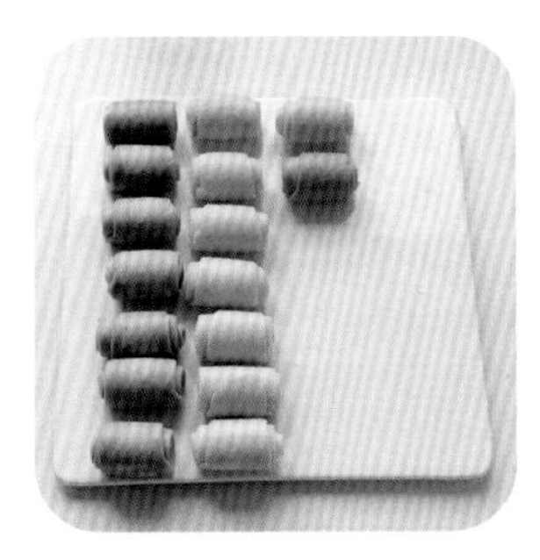

13.

卷好所有面卷，封上保鲜膜，静置15分钟。

14.

在紫色面卷的中间压一下，将两端向中间捏，然后按扁，擀成紫色饼皮。

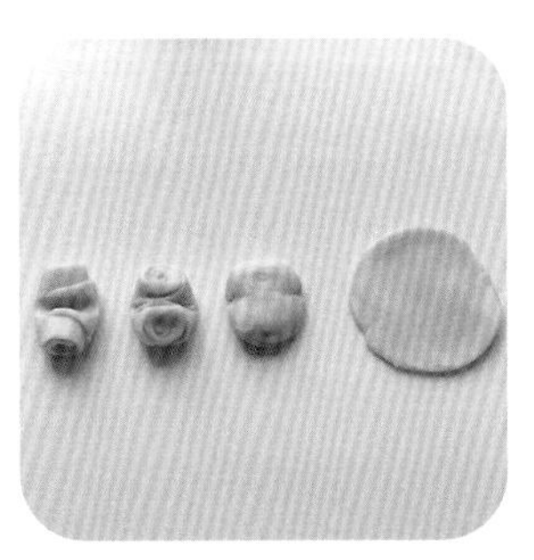

15.

用同样的方法制作白色饼皮。

16.

混合椰蓉、奶粉、蛋液、黄油和剩余细砂糖，揉匀，然后等分成16份，制成馅料。

17.

分别在 8 个紫色饼皮上叠放白色饼皮，然后放上馅料。

18.

收口，用饼皮包住馅料，捏紧，揉圆。

19.

分别在 8 个白色饼皮上叠放紫色饼皮，然后放上馅料。

20.

收口，用饼皮包住馅料，捏紧，揉圆。

21.

在所有包住馅料的饼皮顶部切 3 刀，然后摆在烤盘上。

22.

将烤盘放入预热至 170 ℃的烤箱，烤 35 分钟，中途加盖锡纸，完成。

为什么烘烤过程中要盖锡纸?

在烘烤过程中，为了不让食物上色太过严重，保留食物未烘烤之前的颜色，需要在烘烤中途盖上锡纸。具体方法是：在食物表面刚开始结皮时打开烤箱，在食物上面盖一层锡纸，然后关闭烤箱，继续烘烤。

什么是“出粗膜”?

“出膜”就是用手将面团轻柔推开，缓缓伸展开可以形成布满手掌的手套膜状态。手套膜较粗糙为“粗膜”，较细腻为“细膜”。

螺旋蛋黄酥
古装剧中每每演到宫廷宴会，达官贵人的桌上总少不了各种各样的“酥”。
这款螺旋蛋黄酥就是我根据古装剧中看到的模样复制出来的，又在里面加了咸蛋黄进行改良，好看又好吃！

材 料

咸蛋黄…………10 个	低筋面粉……80 克	细砂糖…………15 克
红豆沙………150 克	猪油…………75 克	白酒……………适量
中筋面粉……100 克	冰水…………45 克	红丝绒液………适量

步 骤

1. 混合中筋面粉、36 克猪油、冰水和细砂糖，揉匀。

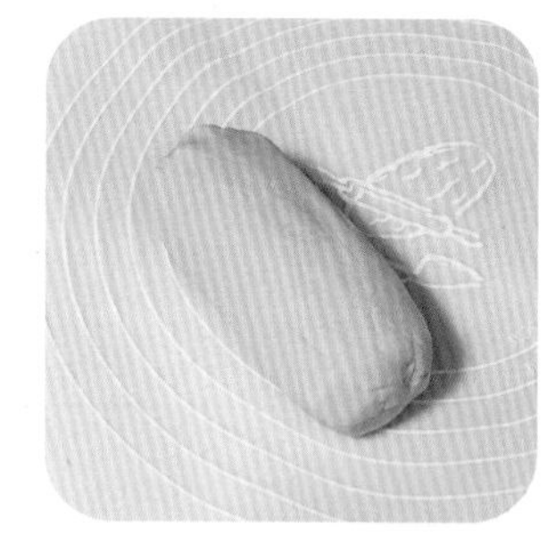

2. 揉至出粗膜，裹上保鲜膜，放入冰箱冷藏，制成油皮。

3. 混合低筋面粉和剩余猪油，揉匀。

4. 加入红丝绒液，揉匀，然后裹上保鲜膜，放入冰箱冷藏，制成油酥。

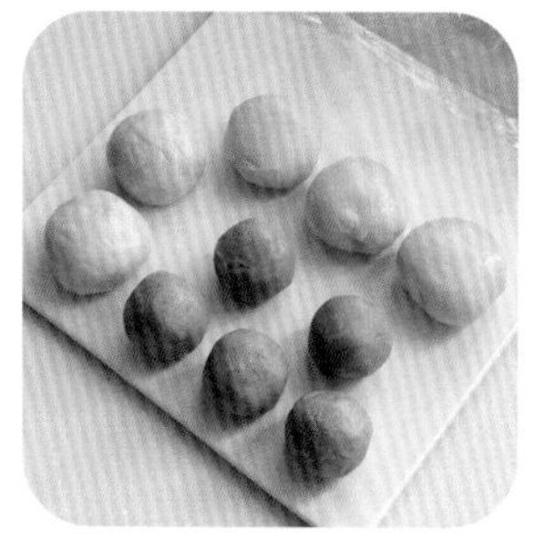

5. 将油皮和油酥分别等分成 5 份，揉圆。

6. 将油皮擀成面饼，放上油酥。

7.

收口，用油皮包住油酥，揉圆。

8.

从包好的面团中间往两端各擀一下，然后翻面各擀一下，擀至长约30厘米。

9.

由上向下卷起，卷成面卷，接口朝下，封上保鲜膜，静置20分钟。

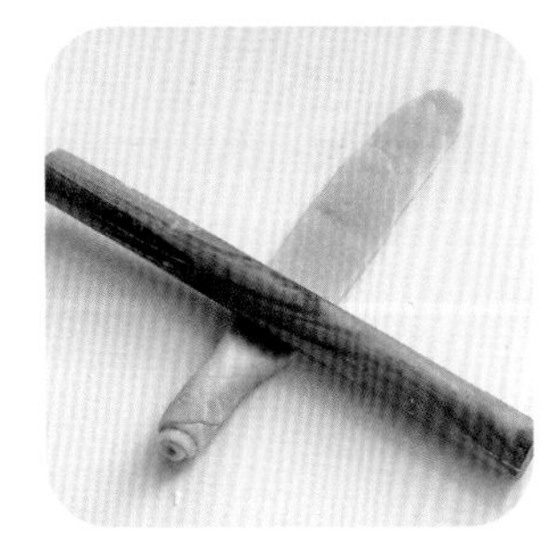

10.

从面卷中间往两端擀，正反面各擀两下，擀至长约70厘米，宽约4厘米。

11.

由上向下卷起，卷成小面卷，放入冰箱，冷藏15分钟。

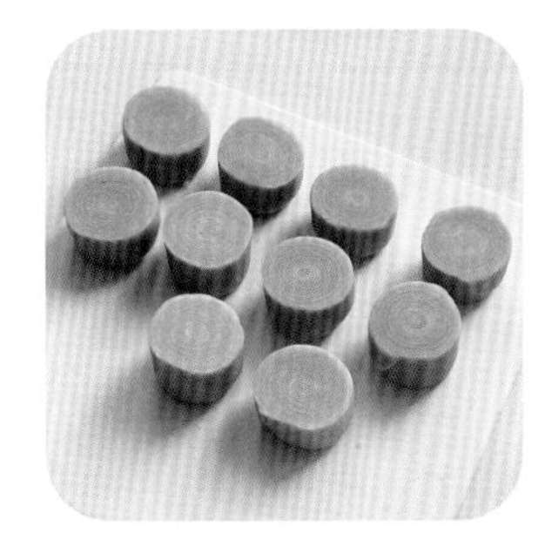

12.

将小面卷对半切开，切出平滑的切面。

13.

在中心处，垂直切面按压一下。

14.

从中心向四个方向各擀一下，然后翻面各擀一下，制成饼皮。

15.

将白酒喷洒在咸蛋黄上，然后放入预热至180℃的烤箱，烤10分钟。

16.

将红豆沙等分成10份，揉圆。

17.

将揉圆的红豆沙擀成饼，放上晾凉的咸蛋黄。

18.

用红豆沙饼包住咸蛋黄，揉圆，制成馅料。

19.

用饼皮包住馅料。

20.

收口，尽量不要破坏饼皮的纹路。

21.

放入预热至170℃的烤箱，烤30分钟，中途加盖锡纸，完成。

可以用别的材料代替红丝绒液吗?

可以用果蔬粉代替红丝绒液，不过加入果蔬粉后面团很难揉匀，烤出来的蛋黄酥颜色不均匀。

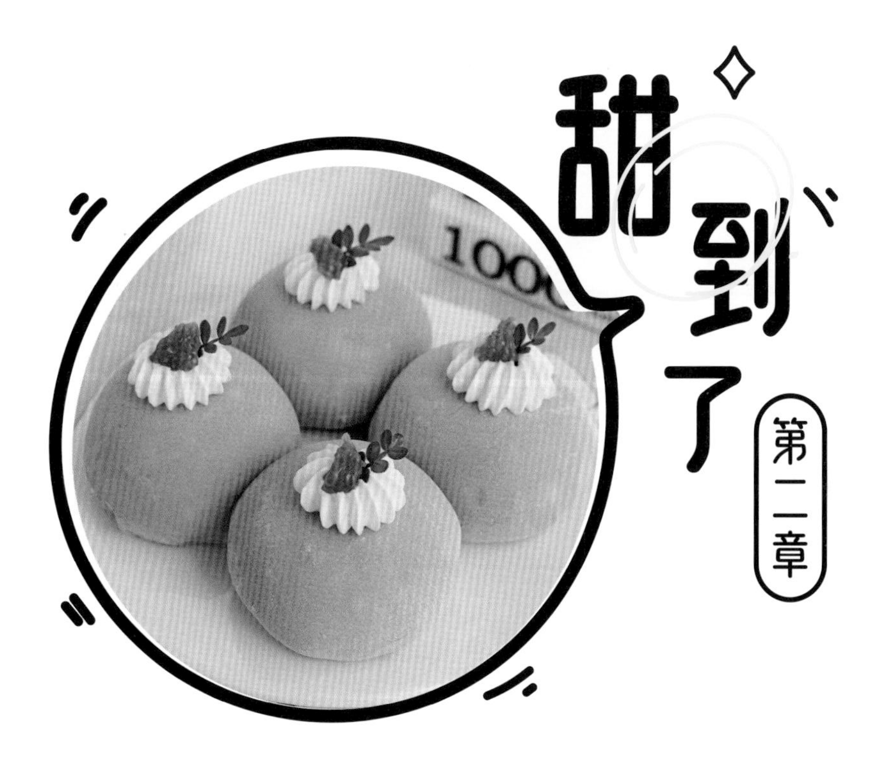

第二章 甜到了

爱情是什么味道的？应该像蛋糕一样甜吧！爱情是什么感觉的？应该像雪媚娘一样黏吧！看甜宠偶像剧时，我会不自觉地被剧情带入一个甜甜的、糯糯的世界。这时，吃一口同样甜甜的蛋糕或糯糯的雪媚娘，让味觉引领自己更加深入地走进爱情的世界吧！

可可燕麦迷你杯子蛋糕

可可爱爱的可可燕麦迷你杯子蛋糕很有趣，一口一个软软的。无油、无面粉，吃起来也无负担。这款迷你杯子蛋糕就像我们18岁时的爱情，两个小小的人，没有那么多负担，只有无尽的欢乐。

材 料

鸡蛋 ··············· 2 个	牛奶 ············ 50 克	可可粉 ········· 30 克
柠檬汁 ············ 3 滴	代糖 ············ 40 克	曲奇豆小饼干 ··适量
淡奶油 ········· 90 克	燕麦 ············ 30 克	

步 骤

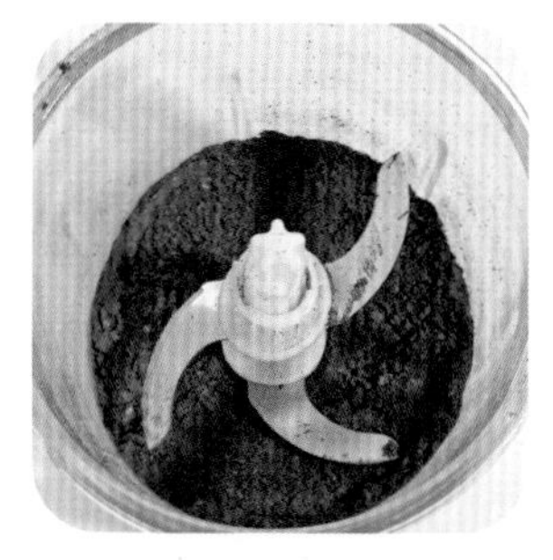

1. 将燕麦与可可粉放入料理机，打碎。

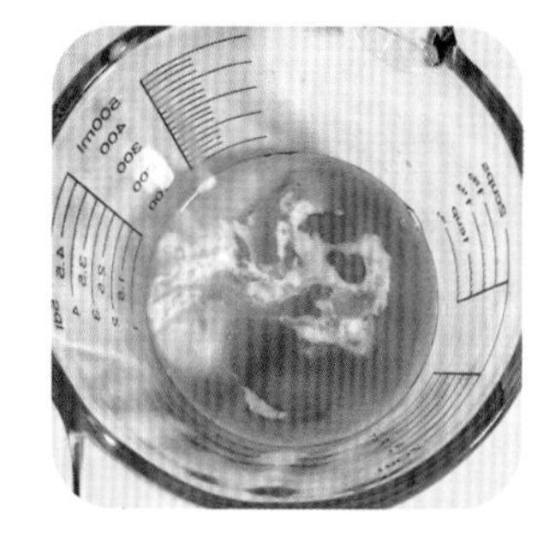

2. 分离蛋清和蛋黄，混合蛋黄和牛奶，搅拌均匀，蛋清备用。

3. 混合打好的燕麦可可粉和搅好的蛋黄牛奶，搅拌均匀，制成牛奶可可糊。

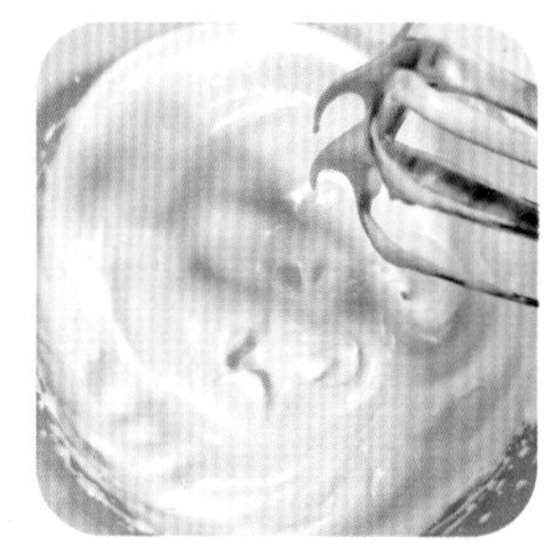

4. 混合蛋清、柠檬汁和 30 克代糖，打发。

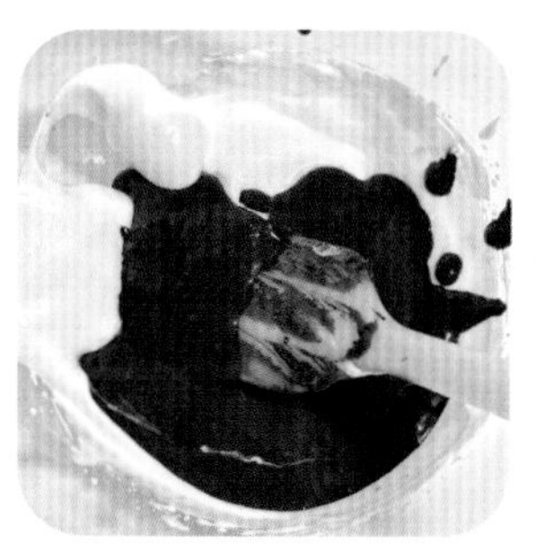

5. 混合牛奶可可糊和 1/3 打发的蛋清，切拌均匀。

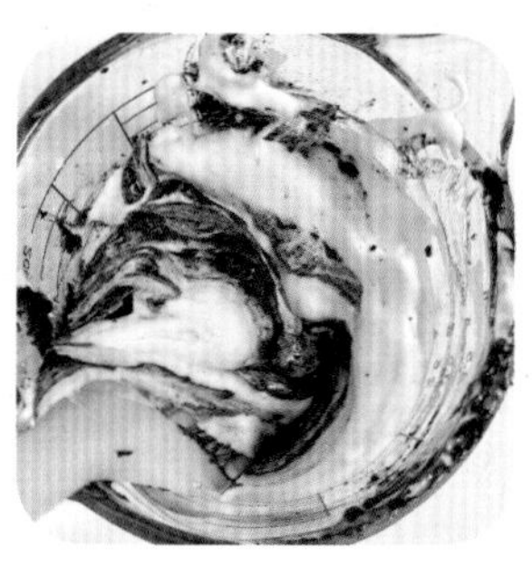

6. 加入剩余打发的蛋清，切拌均匀，制成蛋糕糊。

7.

将蛋糕糊倒入放好油纸托的纸杯模具。

8.

将模具放入预热至 130℃的烤箱中层，烤 30 分钟，制成杯子蛋糕。

9.

混合淡奶油和剩余代糖，打发至偏硬。

10.

将打发的淡奶油装入加了花嘴的裱花袋。

11.

将打发的淡奶油挤在放凉的杯子蛋糕上。

12.

放上曲奇豆小饼干，完成。

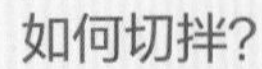

如何切拌?

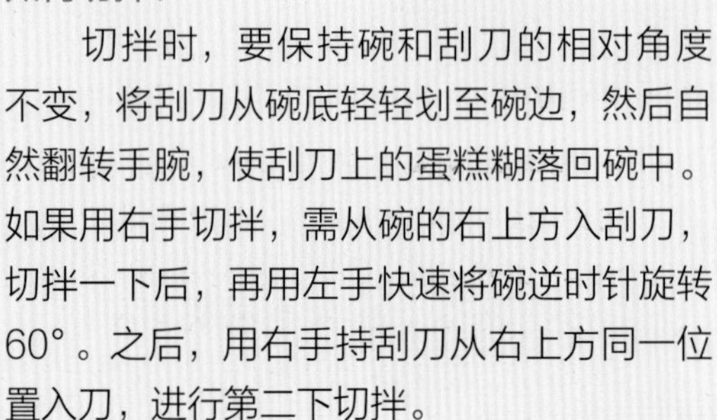

　　切拌时，要保持碗和刮刀的相对角度不变，将刮刀从碗底轻轻划至碗边，然后自然翻转手腕，使刮刀上的蛋糕糊落回碗中。如果用右手切拌，需从碗的右上方入刮刀，切拌一下后，再用左手快速将碗逆时针旋转 60°。之后，用右手持刮刀从右上方同一位置入刀，进行第二下切拌。

巧克力云朵蛋糕

简简单单，没有那么多装饰，白色的奶油像云朵一样“飘”在咖色巧克力蛋糕胚上，特别吸睛。这款巧克力云朵蛋糕像极了纯洁的爱情，没有那么多粉饰与杂质，简简单单，无比美好。

材　料

鸡蛋……………3个	淡奶油………90克	细砂糖………50克
黑巧克力……115克	黄油…………50克	朗姆酒…………10克

步　骤

1.

隔水加热黑巧克力至化开。

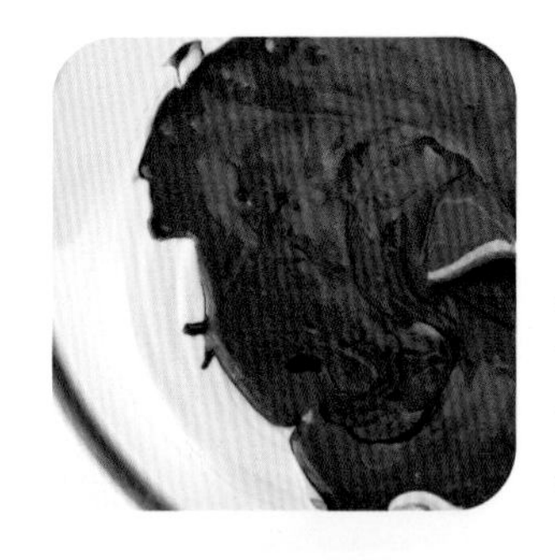

2.

隔水加热黄油至化开，与化开的黑巧克力混合，搅匀，制成黑巧黄油。

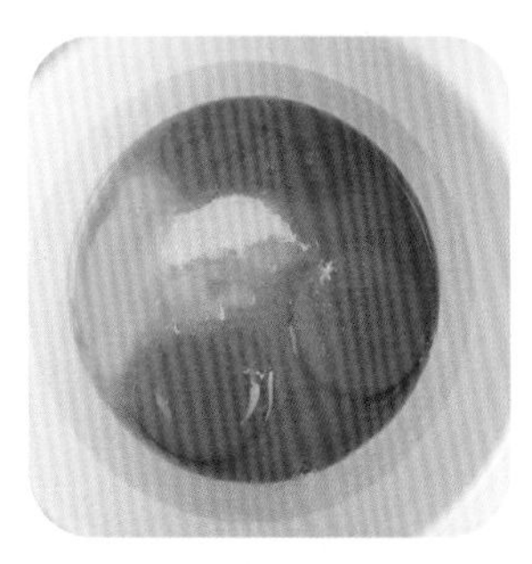

3.

混合朗姆酒和20克细砂糖，打入1个全蛋和2个蛋黄，搅拌均匀。

4.

将搅好的蛋液分3次加入黑巧黄油，每次加入都要搅拌均匀。

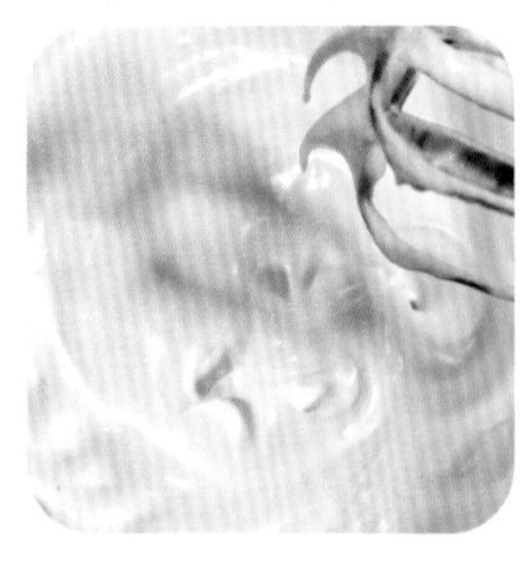

5.

搅打剩余蛋清1分钟，然后分3次加入20克细砂糖，打发。

6.

取少量打发的蛋清分2次加入搅好的黑巧黄油，搅拌均匀。

7.

加入剩余打发的蛋清，搅拌均匀，制成黑巧糊。

8.

将黑巧糊倒入模具，放入预热至 180℃的烤箱，烤 20 分钟。

9.

待完全冷却后脱模，制成蛋糕胚。

10.

混合淡奶油和剩余细砂糖，打发。

11.

随意地将打发的淡奶油抹在蛋糕胚表面，然后冷藏 4 小时，完成。

用什么样的黑巧克力好？

我用的是可可固形物含量为 58% 的黑巧克力，因为这样的黑巧克力不是很苦，也不算很甜。可以根据自己的口味选择不同的黑巧克力，多尝试几次，找到最适合自己的黑巧克力。

蛋糕胚冷却后不够饱满怎么办？

蛋糕胚冷却后，表面会凹陷下去，这是正常现象，不必紧张。

青柠芝士蛋糕

追剧时，我看到一些大城市的超市里有很多可爱又好吃的小甜品，这款青柠芝士蛋糕便是其中一款，也是被剧中女主角偏爱的一款。每次她和男朋友在一起吃这款青柠芝士蛋糕，我都能感受到他们之间甜甜的爱意。

材　料

青柠……………1个
奶油奶酪……150克
淡奶油………100克
酸奶…………100克
消化饼干……60克
纯净水………50克
黄油…………30克
细砂糖………25克
吉利丁片………10克
青柠皮碎………适量

步　骤

1. 将消化饼干擀碎，然后加热黄油至软化。

2. 混合擀碎的消化饼干和软化的黄油，搅拌均匀。

3. 等分成6份，分别装入6个纸杯，按压紧实，冷藏。

4. 混合软化的奶油奶酪和17克细砂糖，搅拌均匀。

5. 挤青柠汁，取20克倒入搅好的奶油奶酪，搅拌均匀，制成青柠奶酪。

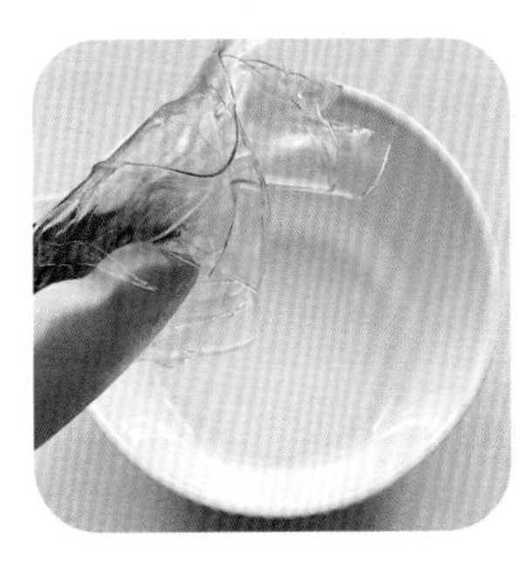

6. 将吉利丁片泡软，然后放入烧开的纯净水中，搅拌至化开。

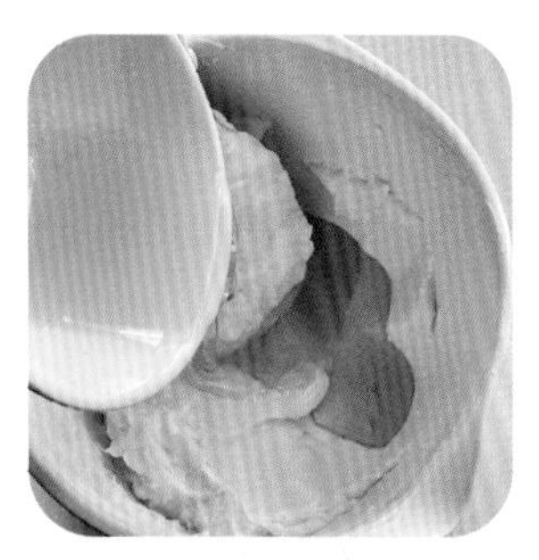

7.

将吉利丁溶液倒入青柠奶酪，搅拌均匀。

8.

倒入酸奶，搅拌均匀，制成奶酪糊。

9.

混合淡奶油和剩余细砂糖，打发至六分。

10.

加入奶酪糊，搅拌均匀，制成慕斯糊，装入裱花袋。

11.

将慕斯糊挤入冷藏过的纸杯，微微震平，继续冷藏3小时。

12.

撕开纸杯，脱模，撒上青柠皮碎，完成。

怎样判断淡奶油是否打发至六分？

淡奶油打发至六分时非常浓稠，像酸奶一样。

为什么做好的青柠芝士蛋糕软塌塌的？

可能是冷藏时间不够。因冰箱制冷效果的不同，也许冷藏 3 小时后的青柠芝士蛋糕不能完全定型。因此，我们要在撕开纸杯之前判断一下，也可以先撕开一个看一看定型情况，然后酌情增加冷藏时间。

蜜瓜慕斯蛋糕
夏天追剧时该吃点儿什么？当然是爽口、清凉又低脂的蜜瓜慕斯蛋糕了。清甜的蜜瓜与丝滑的酸奶搭配，从颜色到口感，都是清清凉凉的，怎么吃都不用担心长胖。赶紧打开电视，放一部《夏日的嬷嬷茶》，让自己从口到心都是甜甜的、凉凉的吧！

材　料

哈密瓜（去皮、去籽）……………………半个	饼干…………60 克	吉利丁片……20 克
酸奶…………200 克	牛奶…………50 克	冰水……………适量
	黄油…………30 克	装饰花草………适量

步　骤

1. 将饼干放入密封袋，擀碎。

2. 混合擀碎的饼干和软化的黄油，搅拌均匀。

3. 倒入模具，压紧实，冷藏 30 分钟。

4. 将吉利丁片泡入冰水至软化。

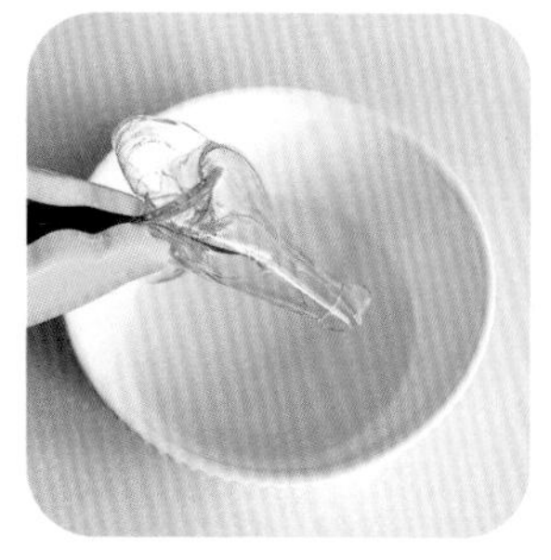

5. 加热牛奶至 50 ℃，加入 10 克泡软的吉利丁片，搅拌至化开。

6. 倒入酸奶，搅拌均匀。

7.

倒入冷藏过的装有饼干碎的模具，继续冷藏 30 分钟。

8.

挖出 4 个哈密瓜小球，备用，然后将剩余的哈密瓜打成汁，取 200 克。

9.

加热哈密瓜汁至 50℃，加入剩余泡软的吉利丁片，搅拌至化开。

10.

倒入冷藏过的装有饼干碎和酸奶糊的模具，继续冷藏 3 小时。

11.

取出模具，脱模，切成 4 块，分别放上哈密瓜小球和装饰花草，完成。

应选择什么样的模具?

选择 6 寸的方形模具（正方形模具的对角线长度大约为 20 厘米）比较好。

巧克力南瓜慕斯

南瓜真的是万能食材。用南瓜做的高颜值、超好吃的巧克力南瓜慕斯，奶香浓郁，绵密顺滑，入口即化。追爱情剧的时候，拿出一小杯边吃边看，把甜蜜的剧情吃进肚子里。

材　料

生蛋黄…………1个
淡奶油……200克
南瓜（去皮、去籽）
………………80克

牛奶…………60克
巧克力………30克
白糖…………30克
蜂蜜…………20克

吉利丁片………3克
冰水……………适量
巧克力酱………适量

步　骤

1. 将南瓜蒸熟，放凉后压成泥，过筛。

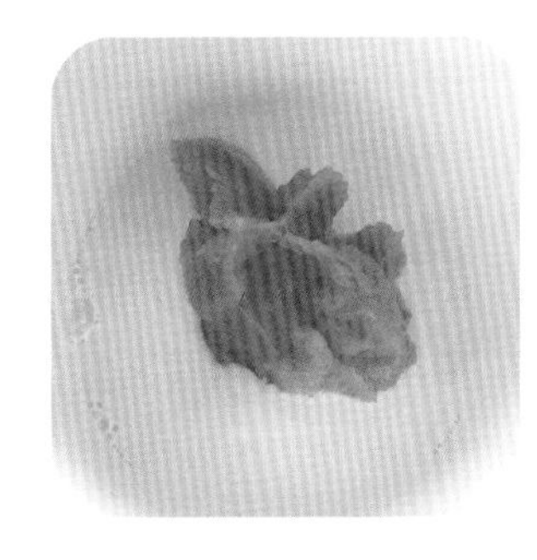

2. 混合南瓜泥、蜂蜜和牛奶，搅拌均匀，制成南瓜奶。

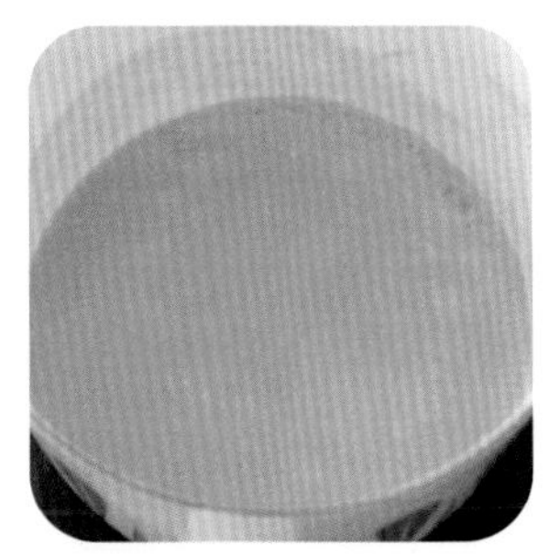

3. 将南瓜奶倒入锅中，煮至边缘冒泡。

4. 混合生蛋黄和20克白糖，搅拌均匀。

5. 将煮好的南瓜奶倒入搅好的蛋黄液，边倒边搅拌。

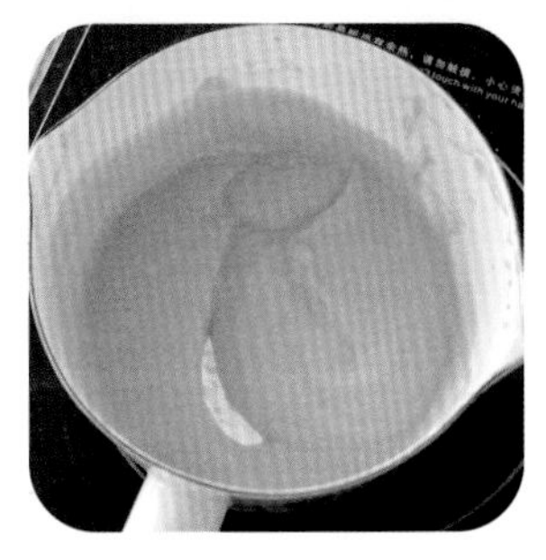

6. 同样倒入锅中，加热至浓稠，制成南瓜糊。

7.

将吉利丁片泡入冰水至软化。

8.

将泡软的吉利丁片放入熟南瓜糊，搅拌至化开，然后放凉。

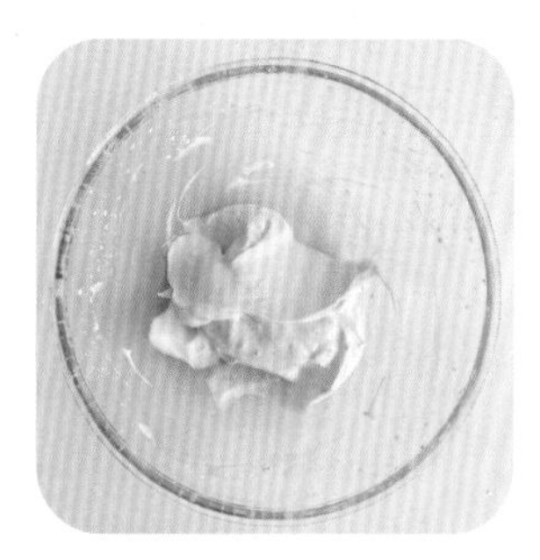

9.

混合淡奶油和剩余白糖，打发，然后等分成2份。

10.

混合1份打发的淡奶油和放凉的南瓜糊，搅拌均匀，制成南瓜奶油。

11.

将巧克力隔水化开，挤在杯中挂壁，然后挤入南瓜奶油。

12.

冷藏3小时，然后挤上剩余打发的淡奶油，淋上巧克力酱，完成。

什么是慕斯?

慕斯是蛋糕的一种，它比布丁软，入口即化，可以直接吃，也可以用来做蛋糕的夹层。制作慕斯蛋糕时不必烘烤，但需低温冷藏。储存慕斯蛋糕时，如果是夏季，需要放入冰箱，如果是冬季，可以放于室外凉爽处。

杨枝甘露雪媚娘

这款杨枝甘露雪媚娘口感丰富，杧果、西柚与西米的味道层次分明，搭配得恰到好处。如果只有杧果会甜得齁人，如果只有西柚又会让人觉得苦涩，只有把它们放在一起，加上甜甜的奶油，在滑入咽喉的那一刻，才会让人感受到初恋般酸酸甜甜的美好，一口气吃三个都不会腻！
1000

材　料

淡奶油……300克
椰奶…………160克
糯米粉………100克
白砂糖………70克
玉米淀粉……30克
黄油…………20克
西柚果肉………适量
杧果果肉………适量
西米……………适量
胡椒木…………适量
熟糯米粉………适量
粉色食用色素…适量

步　骤

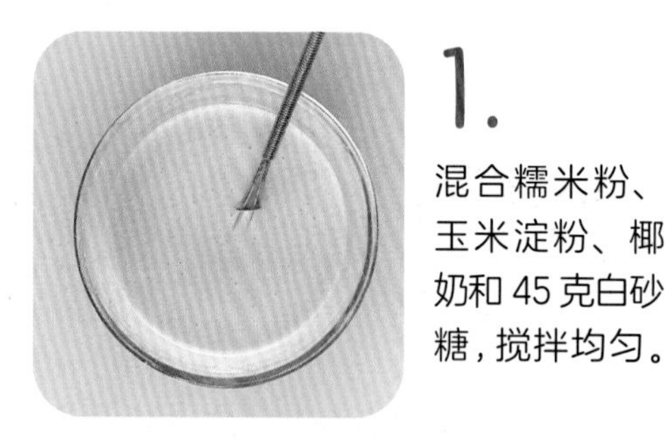

1. 混合糯米粉、玉米淀粉、椰奶和45克白砂糖，搅拌均匀。

2. 封上保鲜膜，在保鲜膜上扎小孔，待蒸锅内水开后上锅，大火蒸30分钟。

3. 取出容器，趁热加入黄油，放至温热后揉匀。

4. 加入粉色食用色素，揉匀。

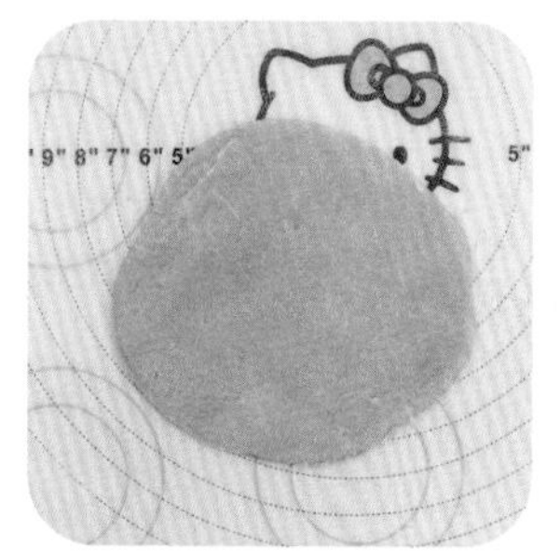

5. 等分成6个小面团，沾熟糯米粉，擀成面皮。

6. 将西柚果肉掰成小块，杧果果肉切成丁，将西米煮熟后过凉水。

7.

混合淡奶油和剩余白砂糖，打发。

8.

将面皮放入模具，边缘富裕一些，然后挤入一层打发的淡奶油。

9.

放入杧果丁、西柚块和煮熟的西米。

10.

再挤入一层打发的淡奶油。

11.

用面皮将杧果丁、西柚块、打发的淡奶油和煮熟的西米包住，捏紧。

12.

倒扣，圆滑面朝上，挤上打发的淡奶油，放上西柚块和胡椒木，脱模，完成。

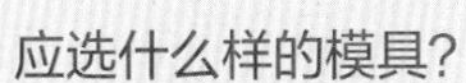

应选什么样的模具？

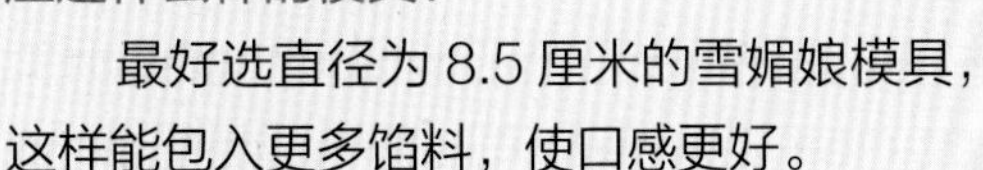

最好选直径为 8.5 厘米的雪媚娘模具，这样能包入更多馅料，使口感更好。

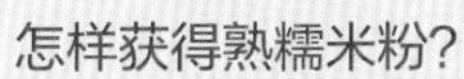

怎样获得熟糯米粉？

可以直接购买熟糯米粉，也可以自己制作：将生糯米粉炒至微黄即可。注意，书中提到的“糯米粉”均匀生糯米粉。

桂花酒酿雪媚娘
一夜秋风起，满城桂花香。
看着剧中甜蜜的恋人漫步在林间小径，我仿佛也能闻到路两旁的桂花香气，甜甜的、腻腻的。这款桂花酒酿雪媚娘的滋味与剧中爱情的甜腻味道一模一样！

材　料

牛奶………200 克	糯米小圆子…100 克	黄油…………20 克
淡奶油………120 克	酒酿…………100 克	玉米淀粉……20 克
糯米粉………100 克	细砂糖………30 克	干桂花…………2 克

步　骤

1. 混合糯米粉、玉米淀粉、牛奶、20 克细砂糖、干桂花，搅拌均匀。

2. 封上保鲜膜，在保鲜膜上扎小孔。

3. 待蒸锅内水开后上锅，蒸 30 分钟。

4. 取出容器，趁热加入黄油。

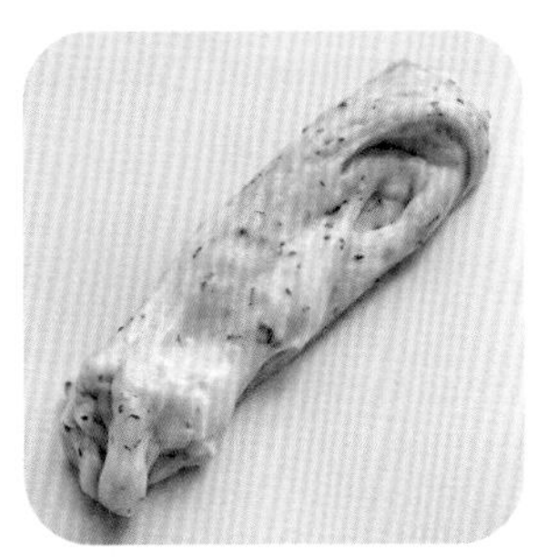

5. 放至温热后揉匀，然后等分成 6 个小面团。

6. 将小面团擀成面皮。

7.

混合淡奶油和剩余的细砂糖，打发。

8.

将打发的淡奶油装入裱花袋。

9.

将糯米小圆子煮熟。

10.

将煮熟的糯米小圆子放凉，然后加入酒酿，搅拌均匀，制成酒酿圆子。

11.

将面皮放入模具，边缘富裕一些，然后挤入一层打发的淡奶油。

12.

放入酒酿圆子。

13.

用面皮将打发的淡奶油和酒酿圆子包住，捏紧。

14.

倒扣脱模，圆滑面朝上放入纸托，冷藏，完成。

黑糖珍珠奶茶雪媚娘

进入秋天，追甜甜的爱情剧时，如果配上冷饮或者凉糕，总觉得哪里不对。秋天，边看暖心的爱情剧，就应该边喝用黑糖制作的饮品，边吃用黑糖制作的甜品。
自制一份黑糖珍珠，将它“塞进”雪媚娘，绝对是一款经典甜品！

材　料

牛奶……………200克	木薯淀粉………60克	红茶……………适量
纯净水…………200克	黑糖……………40克	细砂糖…………适量
淡奶油…………150克	玉米淀粉………15克	熟糯米粉………适量
糯米粉…………100克	黄油……………10克	

步　骤

1. 将黑糖和纯净水放入锅中，用小火煮15分钟，制成黑糖水。

2. 取40克黑糖水，加入30克木薯淀粉。

3. 趁热搅拌均匀。

4. 放至温热后加入剩余木薯淀粉，揉匀。

5. 将揉匀的面团搓成细长条，然后切成小段。

6. 揉圆，滚一层木薯淀粉（分量外），制成圆子。

7.

待锅内水开后下入圆子，煮至漂浮后继续煮15分钟。

8.

捞出，放入冷水浸泡，制成黑糖珍珠。

9.

将牛奶和红茶放入锅中，煮至沸腾。

10.

粗略过滤，留茶汤，制成奶茶。

11.

混合奶茶、糯米粉、玉米淀粉和部分细砂糖，搅拌均匀。

12.

过筛，除去所有渣子。

13.

封上保鲜膜，在保鲜膜上扎小孔，待蒸锅内水开后上锅，蒸18分钟。

14.

取出容器，趁热加入黄油。

15.

放至温热后揉匀，制成奶茶面团。

16.

将奶茶面团等分成6份，撒一层熟糯米粉，然后分别揉圆。

17.

将揉圆的小奶茶面团擀成面皮。

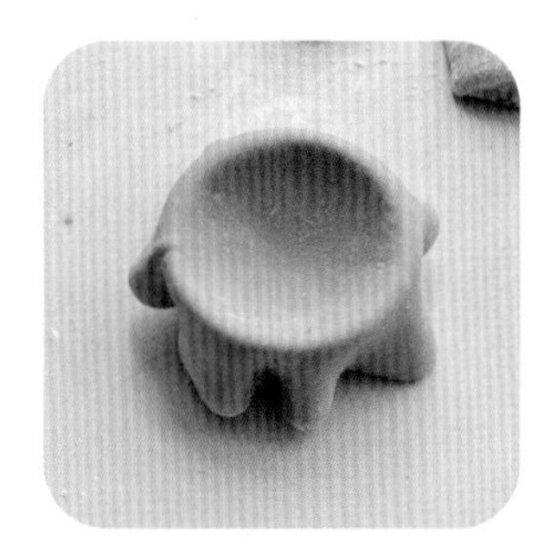

18.

将面皮放在雪媚娘模具上，边缘富裕一些。

19.

混合淡奶油和剩余细砂糖，打发后装入裱花袋，然后挤入模具内的面皮。

20.

放上沥干水的黑糖珍珠，留出18颗备用。

21.

挤上一层打发的淡奶油，盖住黑糖珍珠。

22.

收口，用面皮包住打发的淡奶油和黑糖珍珠，捏紧。

23.

倒扣脱模，放在纸托上，整理形状，制成雪媚娘。

24.

将雪媚娘和纸托一起放入硬挺的纸杯，分别用3颗黑糖珍珠装饰，完成。

第三章 美翻了

当我们在追又美、又甜、又飒的偶像剧和时装剧时，经常会看到男主角和女主角，或者女主角和闺密们在咖啡厅、甜品店吃一些美美的小零食，同时又会羡慕他们能吃不胖的“超人体质”。

这一章里有很多偶像剧、时装剧中出现的“网红”小零食，还有很多既饱口福又健康的低卡小零食。

橘子糯米糍

这款圆溜溜的橘子糯米糍有香甜软糯的外皮，咬开它，会尝到酸甜多汁的橘子，口感丰富。没有什么伤痕是一颗糯米糍抚平不了的，如果有，就用两颗！

材　料

砂糖橘（去皮）… 8 个
牛奶 …………160 克
糯米粉 ………120 克
玉米淀粉 …… 30 克
白糖 ………… 30 克
黄油 …………15 克
椰蓉 ……………适量
装饰花草 ………适量

步　骤

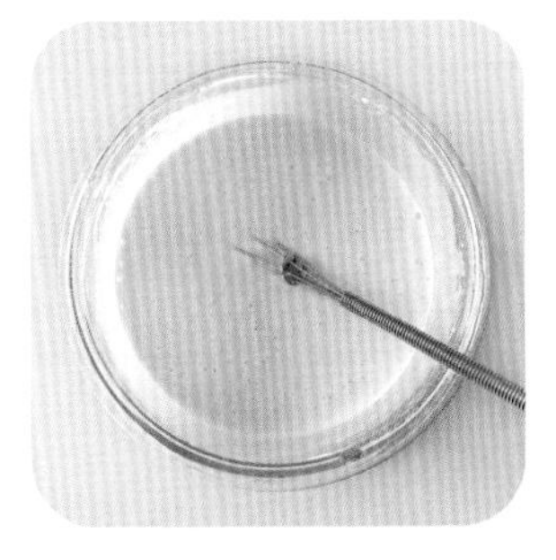

1\. 混合玉米淀粉、糯米粉、白糖和牛奶，搅拌均匀。

2\. 封上保鲜膜，在保鲜膜上扎小孔，待蒸锅内水开后上锅，大火蒸 20 分钟。

3\. 取出容器，趁热加入黄油

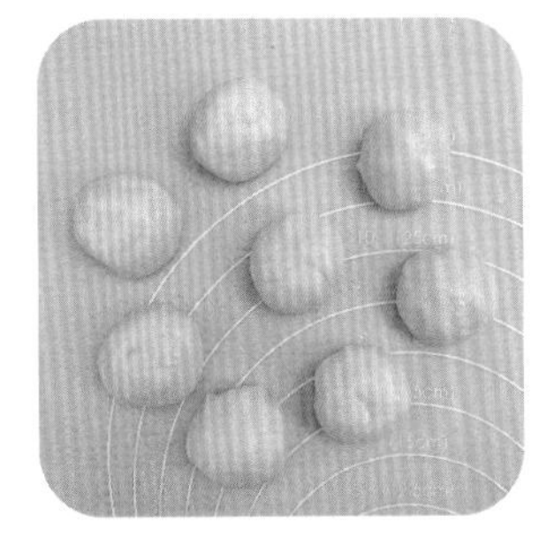

4\. 放至温热后揉匀，然后等分成8个小面团。

5\. 将小面团擀成厚面饼，放上砂糖橘。

6\. 用厚面饼包住砂糖橘，捏紧，揉圆，裹上椰蓉，放上装饰花草，完成。

麻薯奶香饼

追剧时，经常看到几个闺蜜吃下午茶的场景，这款麻薯奶香饼也常常出镜，深深地吸引了我的注意。女生对糯叽叽的食物大都没有抵抗力，尤其是夹心"网红"麻薯。麻薯配上饼干，外脆里糯，让人看一眼就忍不住想要来一块尝尝。

材　料

饼干…………12 片
牛奶…………130 克
糯米粉………60 克
白糖…………20 克
黄油…………10 克
玉米淀粉……10 克
奶粉…………适量

步　骤

1. 混合糯米粉、白糖、玉米淀粉和牛奶，搅拌均匀，然后过筛。

2. 封上保鲜膜，在保鲜膜上扎小孔，待蒸锅内水开后上锅，蒸 15 分钟。

3. 趁热加入黄油，放至温热后揉至面团表面光滑。

4. 反复拉扯面团至面团较筋道，然后等分成 6 份。

5. 将小面团揉圆，夹在两片饼干之间，压一下。

6. 在侧面裹一圈奶粉，完成。

巧克力松饼

这款松软香甜、巧克力味道浓郁的巧克力松饼可是很多时装剧、偶像剧中的“常客”，无论是配一杯咖啡，还是搭一杯清茶，都是剧中闺密们美好下午的必备选项。让我们也试着复制一下这款“丽人松饼”吧！

材 料

鸡蛋……………1个	巧克力……… 50克	干酵母…………1克
牛奶………… 90克	白糖…………10克	装饰花草………适量
低筋面粉…… 75克	可可粉………10克	

步 骤

1. 混合低筋面粉、白糖、可可粉和干酵母，搅拌均匀。

2. 打入鸡蛋，倒入牛奶，搅拌至无大颗粒。

3. 封上保鲜膜，静置1小时，然后搅拌至顺滑，制成面糊。

4. 舀一勺面糊，放入不粘锅，用小火加热，制作松饼。

5. 待松饼表面起泡后放上巧克力，让其微微化开。

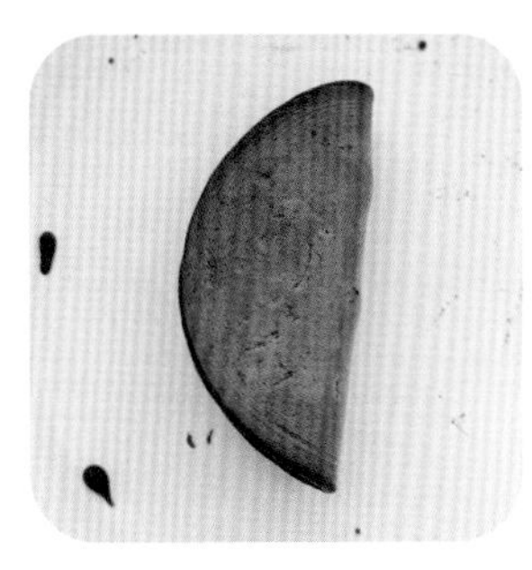

6. 对折松饼，加热至巧克力全部化开，中途翻面一次，出锅放上装饰花草，完成。

比起直接吃巧克力，把巧克力做成巧克力奶冻再吃，仿佛给人的“罪恶感”会少一点儿。追剧的时候，吃一口丝般顺滑的巧克力奶冻，与剧中可爱的女主角“干杯”，再惬意不过了。搅一搅就可以吃的巧克力奶冻，“网红”零食控们千万不要错过！

材　料

淡奶油 ········ 470 克	牛奶巧克力···· 30 克	白糖 ·············· 适量
黑巧克力······105 克	牛奶 ············ 20 克	装饰品 ············ 适量

步　骤

1.

将两种巧克力放在一起，隔水加热至化开，制成巧克力酱，留出少量备用。

2.

混合 370 克淡奶油和牛奶，加热至微沸。

3.

将大部分巧克力酱倒入加热后的淡奶油牛奶，搅拌均匀，制成奶冻酱。

4.

继续用小火加热奶冻酱 5 分钟，边加热边搅拌。

5.

将加热后的奶冻酱倒入容器，冷藏 3 小时，制成奶冻。

6.

混合白糖和剩余淡奶油，打发后挤在奶冻上，淋上留出的巧克力酱，放上装饰品，完成。

桂花啵啵奶冻

追青春题材的电视剧与看青春文学一样，总能让人对年轻产生无限感慨。青春的气息与桂花的香气一样甜蜜、清新，青春的样子与弹弹的啵啵一样充满活力。

这款桂花啵啵奶冻散发着青春的气息，活力、健康、零负担！

材 料

纯净水 ········ 685 克	白砂糖 ·········· 75 克	冰水 ··············· 适量
牛奶 ··········· 250 克	白凉粉 ·········· 25 克	桂花蜜 ············ 适量
椰浆 ··········· 200 克	蜂蜜 ············ 20 克	
木薯淀粉 ······100 克	吉利丁片 ········10 克	
淡奶油 ·········· 30 克	干桂花 ············ 8 克	

步 骤

1\.

将吉利丁片泡入冰水至软化。

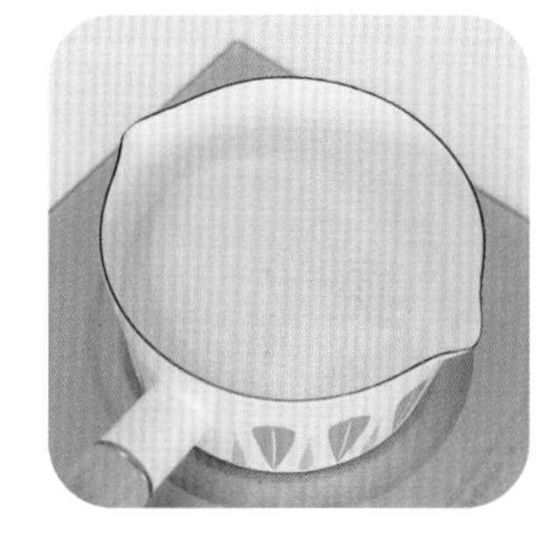

2\.

混合牛奶、椰浆、淡奶油和30克白砂糖，煮至微沸。

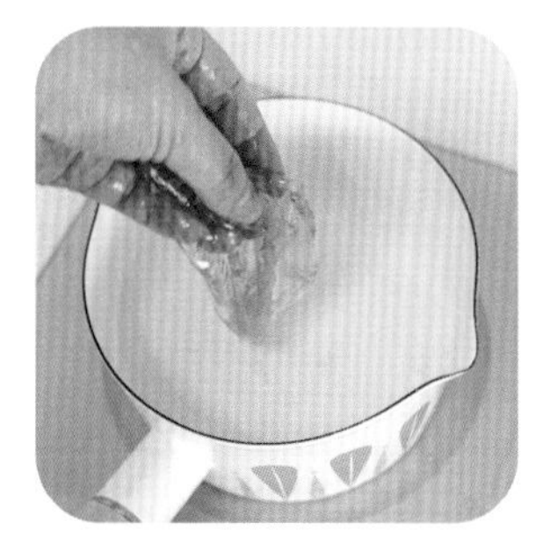

3\.

放入泡软的吉利丁片，搅拌至完全化开，制成椰浆牛奶。

4\.

将椰浆牛奶倒入模具，冷藏3小时，制成椰奶冻。

5\.

混合蜂蜜、白凉粉、3克干桂花和600克纯净水，煮沸，制成桂花水。

6\.

将桂花水倒入模具，冷藏至凝固，制成桂花冻。

7.

混合剩余纯净水、白砂糖，煮沸，然后加入 50 克木薯淀粉，搅拌均匀。

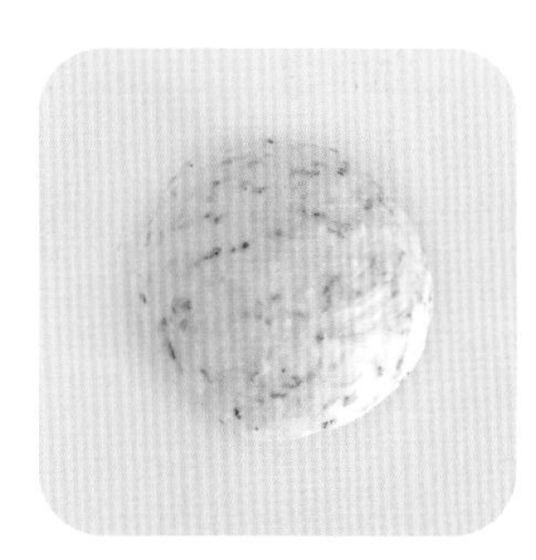

8.

加入剩余木薯淀粉和干桂花，放至温热后揉匀。

9.

将揉匀的面团等分成多份，揉圆。

10.

待锅内水开后下入揉圆的小面团，煮至浮起。

11.

捞出煮好的小面团，过凉水，制成啵啵。

12.

将椰奶冻和桂花冻切成块，与沥干水的啵啵放在一起。

13.

淋上桂花蜜，完成。

水蜜桃啵啵水麻薯

追剧的时光是粉色的，但追剧总会让人担心，担心不运动会长胖。吃零食是快乐的，但吃零食也会让人担心，担心吃多了会长胖。而这款水蜜桃啵啵水麻薯可以完美解决追剧吃零食会长胖的烦恼。它清凉低脂，是夏日追剧的必备零食。

材 料

水蜜桃…………3 个	白凉粉…………15 克	纯净水…………适量
牛奶…………200 克	细砂糖…………10 克	装饰花草………适量
木薯淀粉……80 克	盐…………………适量	

步 骤

1.

用盐搓洗水蜜桃，冲洗干净，然后分离桃肉和桃皮，备用。

2.

将纯净水煮开，放入细砂糖(分量外)和桃皮，煮至水呈粉色，制成桃皮水。

3.

滤出 250 克桃皮水，趁热加入白凉粉，搅拌均匀，倒入模具，冷藏至凝固。

4.

脱模,切成小块,制成水晶冻。

5.

再滤出 40 克桃皮水，与 30 克木薯淀粉混合，搅拌成糊。

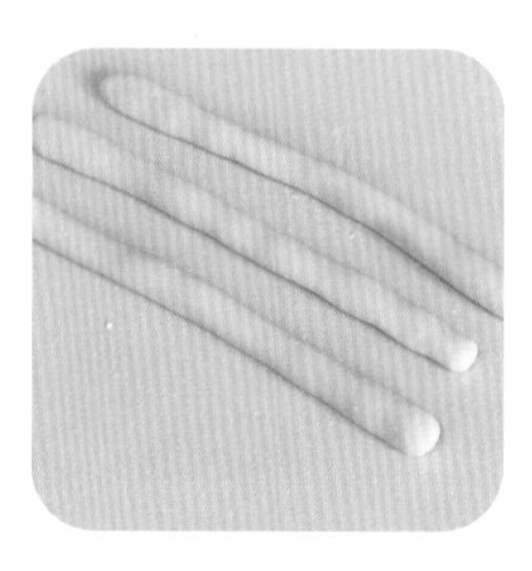

6.

再加入 30 克木薯淀粉，揉匀，然后搓成细长条。

7.

将细长条切成小段，然后揉圆，制成圆子。

8.

待锅内水开后下入圆子，煮至漂浮后继续煮 5 分钟。

9.

捞出圆子，放入冷水浸泡，制成啵啵。

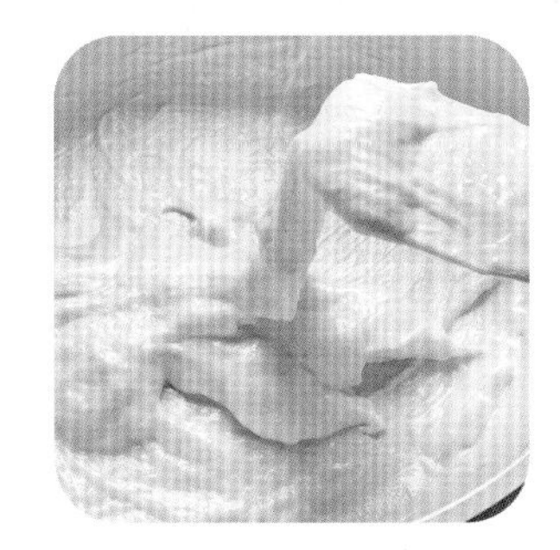

10.

混合牛奶、细砂糖和剩余木薯淀粉，边加热边搅拌至黏稠，制成水麻薯。

12.

将桃肉切成丁，和水麻薯、水晶冻、沥干水的啵啵放在一起，放上装饰花草，完成。

制作水麻薯时需要注意什么?

制作水麻薯时，最好用不粘锅和硅胶铲，防止水麻薯因太黏而粘锅。另外，要注意控制加热的温度，温度过高时要及时关火，防止煳锅。

银耳桂花酒酿小丸子

天气冷了，就想吃点儿热乎的、汤汤水水的健康炖品。说到电视剧中经常出现的女生爱吃的炖品，我首先想到的就是这款出镜率非常高的银耳桂花酒酿小丸子。冬天，捧着一碗胶质丰富、富有桂花香气的银耳桂花酒酿小丸子，好好享受一下追剧的乐趣吧！

材 料

干银耳…………半朵	牛奶…………100 克	桂花蜜…………10 克
枸杞……………8 颗	酒酿…………30 克	纯净水…………适量
红枣……………2 颗	糯米粉………25 克	

步 骤

1. 浸泡干银耳 2 小时，然后撕成小朵。

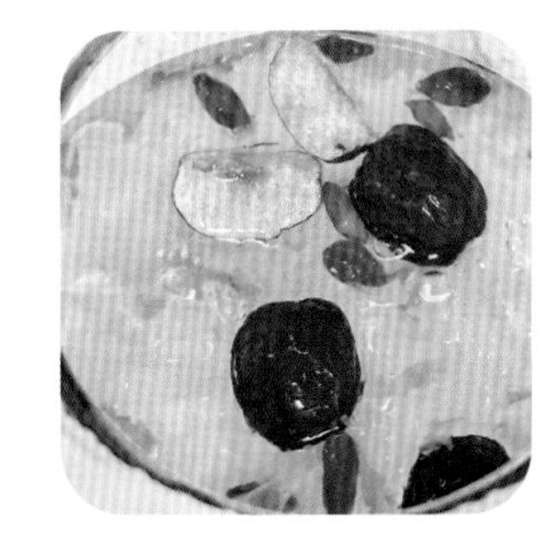

2. 将小朵银耳和纯净水放入锅中煮 45 分钟，然后放入红枣和枸杞煮 45 分钟，制成汤底。

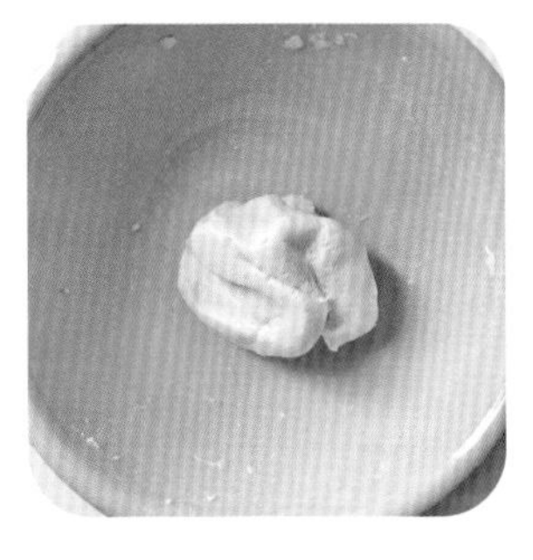

3. 另取 20 克纯净水加热至温热，然后加入糯米粉，揉匀。

4. 将揉匀的面团等分成多份，揉圆，下入沸水锅煮至熟透，制成丸子。

5. 依次将酒酿、汤底和丸子放入碗中。

6. 淋上桂花蜜，然后倒入牛奶，完成。

《海豚湾恋人》算是很多人的偶像剧启蒙了，蓝色的大海，甜蜜的爱情，可盐可甜的女主人公……这部剧让人一下子就能想起海盐奶酪的味道。

糯糯的冰皮搭配奥利奥海盐奶酪馅料，一口一个，健康低卡。赶紧咬一口，感受漫游海底世界的快乐吧！

材 料

奶油奶酪……150 克	玉米淀粉………10 克	海盐 ……………1 克
牛奶 …………150 克	细砂糖…………10 克	
糯米粉………120 克	黄油 ……………10 克	
奥利奥饼干…· 20 克	蝶豆花粉…………1 克	

步 骤

1\. 将奶油奶酪放在室温下软化。

2\. 将奥利奥饼干压碎。

3\. 混合海盐、软化的奶油奶酪和压碎的奥利奥饼干，搅拌均匀，制成奶酪糊。

4\. 将奶酪糊装入裱花袋。

5\. 平铺保鲜膜，一条条、一层层地挤出奶酪糊。

6\. 用保鲜膜将挤出的奶酪糊包好，整理形状，然后冷冻 30 分钟。

7.

混合糯米粉、玉米淀粉、细砂糖、牛奶和蝶豆花粉，搅拌均匀。

8.

封上保鲜膜，在保鲜膜上扎小孔，待蒸锅内水开后上锅，蒸 15 分钟。

9.

取出容器，趁热加入黄油，放至温热后揉匀。

10.

将揉匀的面团擀成面饼，切掉边缘，切成长方形。

11.

将冻好的奶酪糊外的保鲜膜撕掉，奶酪糊放在面饼上。

12.

用面饼包住冻好的奶酪糊，整理形状，然后冷冻 30 分钟，制成奶酪条。

13.

取出奶酪条，切成小块，完成。

奥利奥海盐芝士冰激凌
冰激凌最适合夏天了。制作它不用明火，不用烤箱，不会让人大汗淋漓。无论是边追剧边制作，还是边追剧边品尝，都是很好的选择。
别看它是芝士冰激凌，但每次吃一小块，热量一点儿不高。用它搭配时装剧，边吃边看，真是对味儿！
OREO

材 料

奥利奥饼干…… 6 块	奶油奶酪…… 50 克	海盐 ……………1 克
淡奶油 ………150 克	细砂糖 …………10 克	奥利奥饼干碎 ‥适量

步 骤

1.

将奶油奶酪放在室温下软化。

2.

混合细砂糖、海盐和软化的奶油奶酪，搅拌均匀。

3.

倒入淡奶油，打发至四分（不是很硬）。

4.

加入奥利奥饼干碎，搅拌均匀，制成冰激凌酱，装入裱花袋。

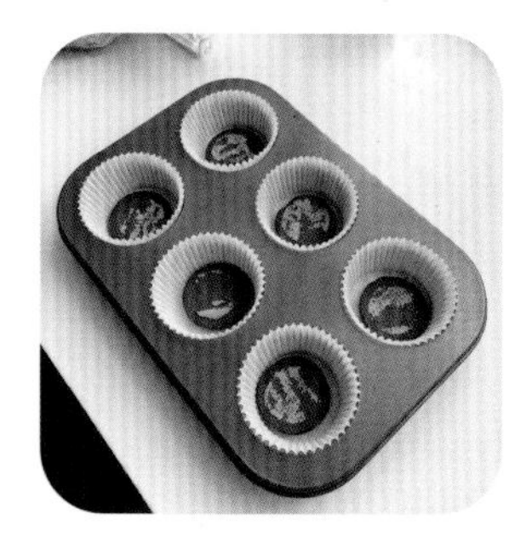

5.

分开奥利奥饼干，除去夹心奶油，将一半饼干花面朝下放入纸杯蛋糕托。

6.

挤入冰激凌酱，然后将另一半饼干花面朝上压在冰激凌酱上，冷冻 6 小时，完成。

第四章 满足了

追剧的时候，嘴里没点儿东西嚼着总觉得空落落的，甚至让人感觉连剧情都没有那么吸引人了。只有嘴里吃着点儿东西，边吃边看，才有味道，才有意思，才能叫追剧。

这一章里有很多“真正的”小零食，可以做一大盒，在追剧的时候棒着吃，绝对让人好吃到停不下来！

香脆蛋卷

制作香脆蛋卷所用的材料都是很常见的，制作香脆蛋卷的方法也特别简单。蛋卷又酥又脆又香，吃着过瘾，还很健康。说真的，自己做的香脆蛋卷比买的好吃！

材　料

鸡蛋 ··············· 2 个	白糖 ············ 80 克	黑芝麻 ··········· 5 克
低筋面粉 ······180 克	玉米油 ·········· 80 克	
牛奶 ············160 克	高筋面粉 ······· 20 克	

步　骤

1. 混合牛奶、玉米油和白糖，打入鸡蛋，搅拌均匀。

2. 筛入低筋面粉和高筋面粉，搅拌至无颗粒。

3. 加入黑芝麻，搅拌均匀，制成面糊。

4. 加热蛋卷锅，薄薄地刷一层玉米油（分量外），舀入面糊，合上锅，每 20 秒翻转一次。

5. 加热至面糊成面饼并呈金黄色，用筷子夹住面饼一侧，卷起后定型 5 秒，完成。

香蕉椰蓉燕麦饼干

喜欢吃香蕉或椰蓉的朋友，一定不要错过这款小零食。只要将所有材料混合在一起，拌一拌，然后放进烤箱烤一烤，一款酥脆的小饼干就出炉了。

打开电视，边追剧边用这款嘎嘣脆的小饼干打牙祭，真是再舒服不过了！

材 料

香蕉（去皮）…1根	奶粉……………适量	黑芝麻…………适量
燕麦片………70克	杏仁……………适量	
椰蓉……………12克	红枣（去核）··适量	

步 骤

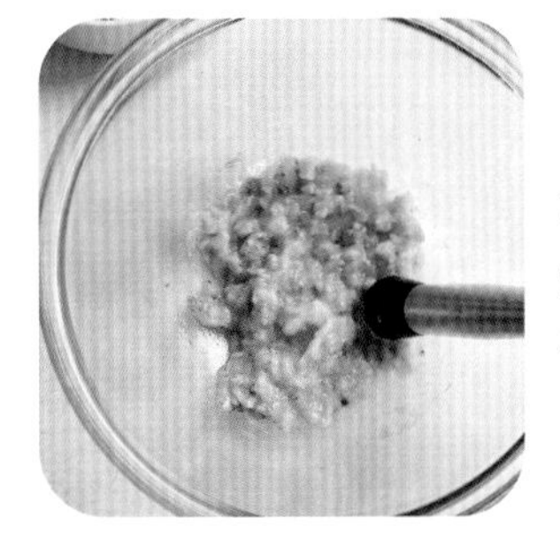

1\. 将香蕉压成泥，红枣切成丁，杏仁对半分开。

2\. 混合所有食材，搅拌均匀。

3\. 倒入铺好硅油纸的模具，压平，冷冻30分钟，制成燕麦饼。

4\. 取出模具，脱膜，将燕麦饼切成块，摆在铺好硅油纸的烤盘上。

5\. 将烤盘放入预热至160℃的烤箱，烤30分钟，中途加盖锡纸，完成。

怎样做可以使饼干更脆?

模具可以选浅一点儿的，尽量将燕麦饼压薄，烤出来的就更脆了。烤完放凉再吃也会更脆。

糯米酥

追剧时，每每看到剧中的甜蜜瞬间，就会想吃点儿香香甜甜的小零食，和剧中的主人公“共情”一下。咬下糯米酥的每一口都能让我们的心中漾起涟漪，让我们一起来细细咀嚼这份美好吧！

材　料

鸡蛋 ················1个	牛奶 ···········100克	白糖 ············ 30克
糯米粉 ·········155克	玉米油 ·········· 30克	盐 ····················1克

步　骤

1.

混合玉米油、牛奶、白糖和盐，打入鸡蛋，搅拌均匀。

2.

筛入糯米粉，搅拌至无干粉，制成面糊，装入加了花嘴的裱花袋中。

3.

将面糊均匀地挤在烤盘上，排列整齐。

4.

将烤盘放入预热至170℃的烤箱，用上下火烤25分钟，完成。

可以一次做很多糯米酥吗？

不建议一次做大量糯米酥，最好当天做当天吃。因为时间久了，糯米酥中的淀粉会老化，糯米酥的口感会变差。

巧克力大米饼
你知道用大米也可以做小零食吗？这款巧克力大米饼的酥脆感比用面粉做出来的好很多，一定要试一试！追剧的时候，捧着一盘巧克力大米饼，一口一个，香香脆脆的，切实体验一把“宅”的快乐。

材　料

大米 ············ 70 克	低筋面粉······ 30 克	糖粉 ············ 20 克
黄油 ············ 50 克	耐烤巧克力豆·· 30 克	黑巧克力········15 克

步　骤

1.

将黄油放在室温下软化。

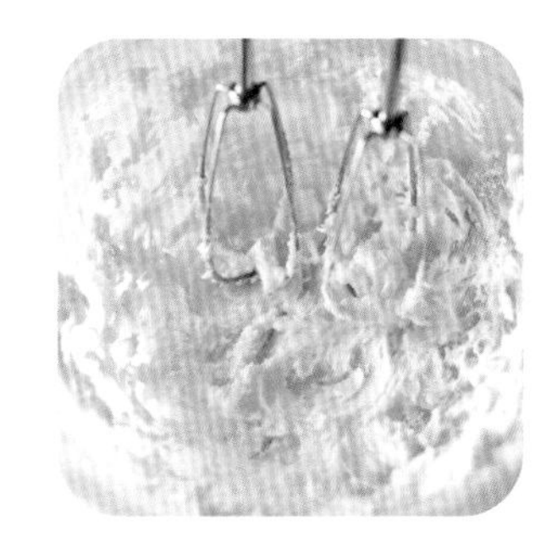

2.

混合软化的黄油和糖粉，搅打至发白。

3.

隔水加热黑巧克力至化开，然后微微放凉。

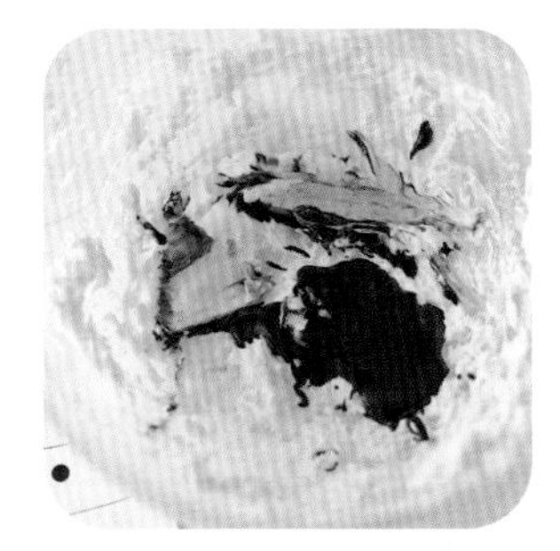

4.

混合化开的黑巧克力和搅好的黄油，搅打至蓬松，制成巧克力黄油。

5.

将大米打成细腻的大米粉，和低筋面粉混合，制成米粉。

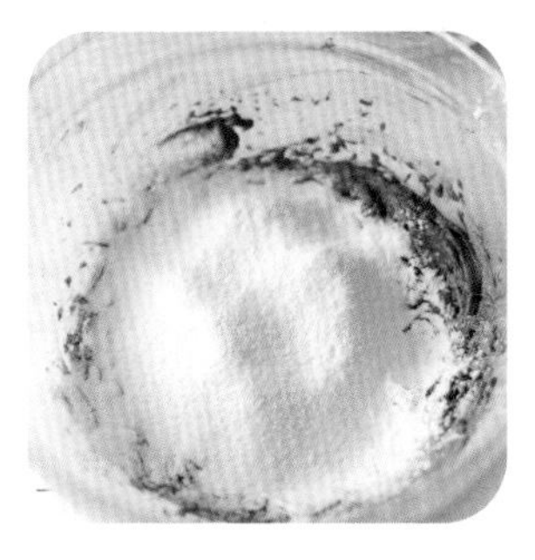

6.

将米粉筛入巧克力黄油，切拌至无干粉。

7.

加入耐烤巧克力豆，搅拌均匀。

8.

将搅好的米粉装入保鲜袋，隔着保鲜袋揉成面团。

9.

取出面团，等分成多个 10 克的小面团。

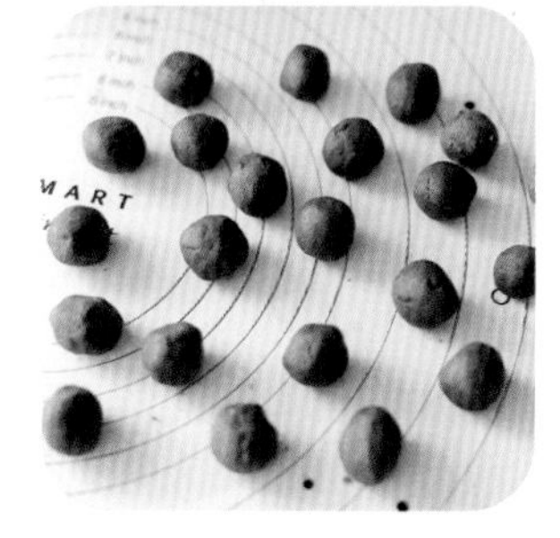

10.

将小面团揉圆。

11.

将揉圆的小面团压成面饼，放在铺好硅油纸的烤盘上。

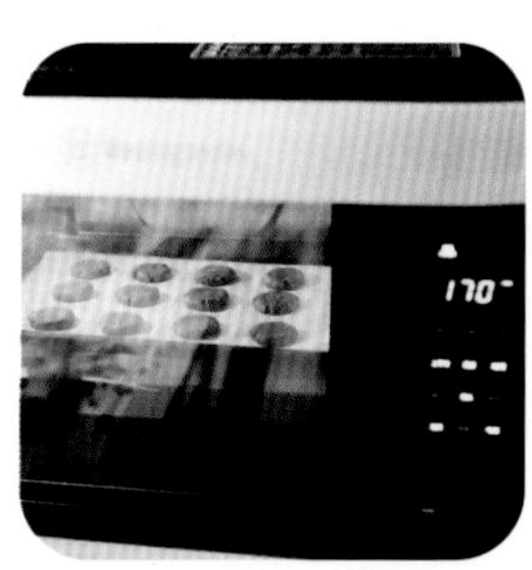

12.

将烤盘放入预热至 170℃的烤箱中层，烤 15 分钟，完成。

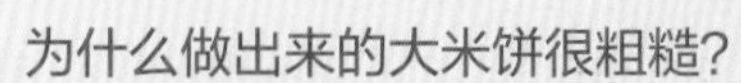

为什么做出来的大米饼很粗糙？

这可能是因为打出的大米粉不够细腻。一定要将大米粉打得很细，否则做出来的成品会有颗粒感。

可不可以只用大米粉，不用面粉？

不可以。只用大米粉做出来的大米饼不易成形，易碎。

红薯脆薄片

这款超级酥脆的红薯脆薄片特别适合追剧时吃，一拿出来，红薯味浓郁，香到流口水。不过不要紧张，红薯脆薄片不需用糖，只有红薯自身微微的甜味，将它当作健康的追剧小零食真的是毫无负担！

83

材　料

红薯（去皮）··2个	中筋面粉······65克	玉米油·········30克
鸡蛋··············2个	玉米淀粉······30克	黑芝麻···········适量

步　骤

1.

将红薯切成片，待锅内水开后放入，隔水蒸至熟透。

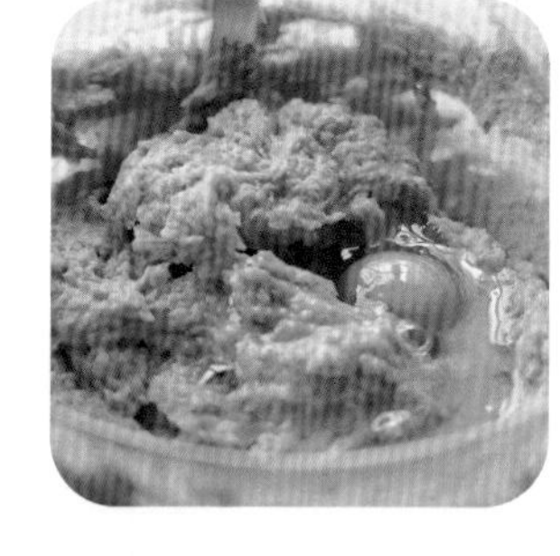

2.

趁热将蒸熟的红薯压成泥，打入鸡蛋，加入玉米油，搅拌均匀。

3.

加入玉米淀粉和中筋面粉，搅拌均匀。

4.

加入黑芝麻，搅拌至浓稠状态，制成面糊，装入裱花袋。

5.

加热蛋卷锅，薄薄地刷一层玉米油（分量外），挤上两坨面糊。

6.

合上锅，每10秒翻转一次，至面糊成饼并微微焦黄时卷出弧度，完成。

红薯贝壳蛋糕
西式烘焙很少用红薯，但我很爱红薯的味道，所以尝试了用甜蜜的红薯来做小小的贝壳蛋糕。追剧的时候，拿出具有中式口味的西式糕点，一口一个，不但软糯香甜，还含有大量的膳食纤维，满足又健康！

材　料

鸡蛋 …………… 2 个	玉米油 ……… 40 克	泡打粉 ………… 2 克
低筋面粉 …… 90 克	细砂糖 ……… 35 克	枸杞 ……………适量
红薯（去皮）·· 50 克	牛奶 ………… 20 克	

步　骤

1. 将鸡蛋打入破壁机，加入细砂糖，搅打至有丰富的泡沫。

2. 将红薯切成块，待锅内水开后放入，隔水蒸至熟透。

3. 将蒸好的红薯放入有蛋液的破壁机，倒入牛奶，搅打至无颗粒。

4. 筛入低筋面粉和泡打粉，搅拌均匀。

5. 倒入玉米油。

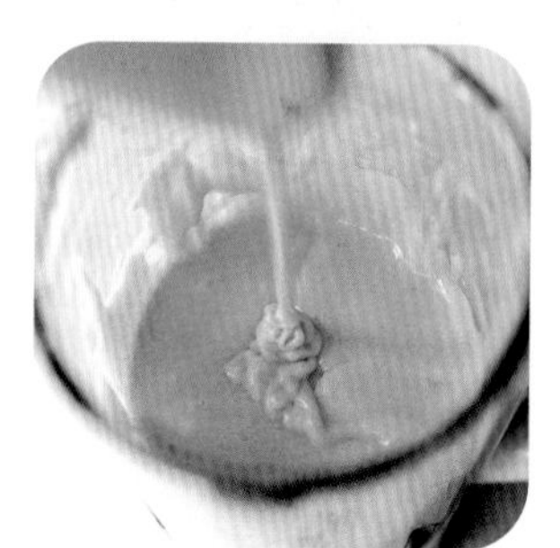

6. 搅打 6 秒，制成红薯糊。

7.

在模具中薄薄地刷一层玉米油（分量外），然后放上几粒枸杞。

8.

倒入红薯糊至八分满，再放上几粒枸杞。

9.

将模具放入预热至 180℃的烤箱中层，烤 18 分钟。

10.

取出模具，放凉，脱模，完成。

筛入低筋面粉和泡打粉后可以直接搅打吗？

可以。最好用刮刀搅拌均匀，如果破壁机容器较小，不适合搅拌，可以直接搅打。破壁机的搅打速度较快，用破壁机搅打时，7 秒左右即可将筛入的低筋面粉和泡打粉搅打均匀。千万不要搅打过长时间，否则红薯糊会起筋，影响成品的口感。

可以用大的模具吗？

可以，但需要适当增加烘烤时间。如果没有模具，还可以用蛋糕纸杯。

红薯糯米糕

做一盘红薯糯米糕，香甜软糯，追剧时咬一口，满嘴甜蜜。这款红薯糯米糕表面有密密的芝麻，吃起来有浓浓的芝麻香味，里面还有甜甜的豆沙，口感丰富，非常好吃。

材 料

红薯（去皮）‥ 400克
白糖 ………… 20克
豆沙 …………… 适量
糯米粉 ………… 适量
白芝麻 ………… 适量
黑芝麻 ………… 适量
植物油 ………… 适量
纯净水 ………… 适量

步 骤

1\.

将红薯切成片，待锅内水开后放入，隔水蒸至熟透。

2\.

趁热将蒸好的红薯压成泥，然后加入白糖，搅拌均匀。

3\.

少量多次地加入糯米粉，揉至不粘手，然后等分成多个30克的小面团。

4\.

将小面团擀成面饼，包入豆沙，捏紧。

5\.

整理形状，在表面喷纯净水，裹上混合的黑芝麻和白芝麻，制成红薯糕。

6\.

在锅内薄薄地刷一层植物油，放入红薯糕，用中小火煎至呈金黄色，完成。

奶酪芝士条
奶酪有种神奇的力量，能让人吃上一口就无法自拔，仿佛掉进了“奶酪陷阱”，周围满满的都是爱情般的甜蜜滋味。
这款奶酪芝士条芝士味浓郁，咬一口，嘎嘣脆，吃了就停不下来！

材 料

鸡蛋……………1个	奶油奶酪…… 225克	牛奶……………10克
低筋面粉…… 240克	细砂糖………… 25克	

步 骤

1.

将奶油奶酪在室温下放软，加入细砂糖，搅拌均匀。

2.

将鸡蛋打成蛋液，分多次倒入搅好的奶油奶酪，每次倒入都要搅拌均匀。

3.

加入过筛的低筋面粉，搅拌至无干粉。

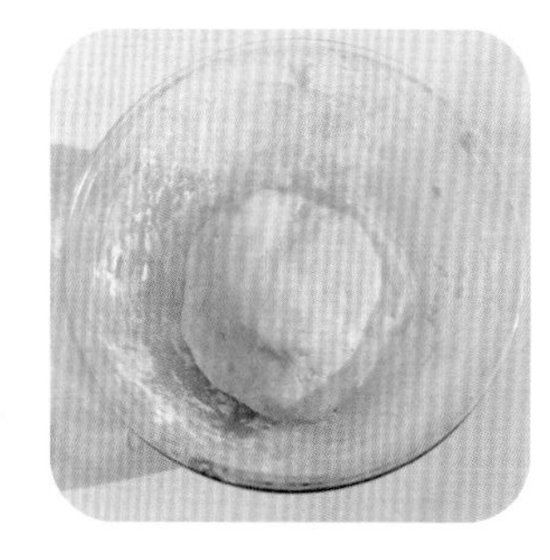

4.

倒入牛奶，揉成面团，然后封上保鲜膜，静置30分钟。

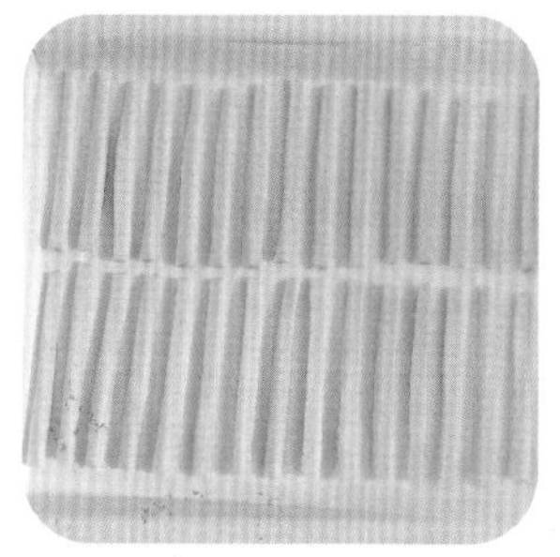

5.

将面团擀成约3毫米厚的面饼，然后切成条，摆在铺好硅油纸的烤盘中。

6.

将烤盘放入预热至180℃的烤箱，烤20分钟，完成。

山药芝士棒

感谢一切美食，让我们沉浸在美味中。剧中人说："在喜欢你的日子里，每一刻都沐浴在暖阳里。"我在看，在听，在挥舞着手中的山药芝士棒，感受着这幸福的味道。这款山药芝士棒表皮金黄、酥脆，内里柔软、拉丝，令人满足！

材　料

鸡蛋……………2个	白糖…………30克	植物油…………适量
铁棍山药（去皮）……………………1根	芝士碎…………适量	糯米粉…………适量
	面包糠…………适量	玉米淀粉………适量

步　骤

1\. 将铁棍山药切成片，待锅内水开后放入，隔水蒸至熟透，然后趁热压成泥。

2\. 加入白糖，打入1个鸡蛋，搅拌均匀，然后将另一个鸡蛋打成蛋液，备用。

3\. 向压好的泥中少量多次加入糯米粉，揉至不粘手，然后等分成多个小面团。

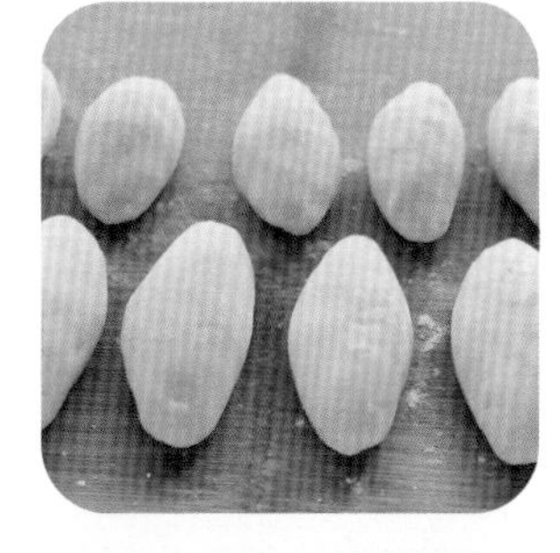

4\. 将小面团擀成面饼，包入芝士碎，捏紧，整理成粗胖的长条。

5\. 在长条外依次裹蛋液、玉米淀粉、蛋液、面包糠，制成生胚。

6\. 加热植物油至五成热，放入生胚，用小火煎至表皮金黄，捞出，控油，完成。

芝士土豆球

不用油炸的芝士土豆球也可以很香很脆，追剧的时候多吃几粒也不怕胖，再搭配上自己喜欢的蘸酱，真是太满足了。边看“下饭”的剧情，边吃芝士土豆球，就这样度过一个幸福的周末，好好给自己放个假吧！

材 料

芝士片…………2片	洋葱…………40克	大蒜粉…………适量
鸡蛋……………2个	面粉……………适量	黑胡椒粉………适量
土豆(去皮)‥380克	海盐……………适量	雪花面包糠……适量
火腿…………80克	橄榄油…………适量	

步 骤

1.

将土豆切成块，待蒸锅内水开后上锅，蒸20分钟。

2.

将蒸熟的土豆块压成泥。

3.

加入海盐、黑胡椒粉和大蒜粉，搅拌均匀，制成土豆泥。

4.

将火腿和洋葱切成丁，放在平底锅中，倒入橄榄油，炒至出香味。

5.

混合土豆泥和炒好的火腿丁、洋葱丁，搅拌均匀,制成皮料。

6.

将两片芝士片叠放在一起，等分成6份。

7.

取70克皮料，压成饼，放上1份芝士片。

8.

收口，包好，揉圆，制成土豆球。

9.

在土豆球外裹一层面粉。

10.

将鸡蛋打成蛋液，在裹了面粉的土豆球外裹蛋液。

11.

再裹一层雪花面包糠，然后放在铺好硅油纸的烤盘上。

12.

将烤盘放入预热至180℃的烤箱中层，烤20分钟，完成。

可以自己制作面包糠吗?

可以，用吃剩的无馅面包即可制作面包糠。将面包切成小块，放入烤箱，用180℃烘烤10分钟，然后用破壁机或者研磨机打成碎屑就可以了。做好的面包糠要密封起来，放在干燥处。不过，自己制作的面包糠不如雪花面包糠好看。

用任何一种面粉都可以吗?

这里的“面粉”就是超市里常见的面粉，一般指“中筋面粉”。此处面粉不是主要材料，用什么样的都可以。本书中其他位置提到的“面粉”也是这样。

芝士鱼豆腐
说起鱼豆腐，大多数人会立马想到火锅、关东煮，可如果平时追剧时想把鱼豆腐当作小零食吃，煮火锅就太麻烦了。于是我试着自己做了这个芝士鱼豆腐，口感滑嫩，非常弹牙，鱼肉的鲜香满满，太成功了！

材　料

鸡蛋……………1个	白糖…………12克	生姜……………适量
芝士片…………2片	料酒…………10克	胡萝卜…………适量
龙利鱼肉……350克	盐………………3克	植物油…………适量
玉米淀粉……50克	白胡椒粉………1克	
生抽…………25克	椒盐粉…………1克	

步　骤

1. 混合料酒、切成块的龙利鱼肉和切成丝的生姜，抓拌均匀，腌制10分钟。

2. 将腌好的龙利鱼肉和白糖、盐、白胡椒粉、椒盐粉、生抽放入料理机，打成泥。

3. 再打入鸡蛋，加入玉米淀粉。

4. 翻拌一下，然后搅打均匀，制成鱼泥。

5. 将芝士片切成小块，放入鱼泥，搅拌均匀。

6. 在模具中薄薄地刷一层植物油，倒入搅好的鱼泥，压紧，然后戳孔。

7.

将模具放入预热至 160℃的烤箱，用上下火烤 25 分钟。

8.

取出模具，放凉，脱模，将烤好的鱼泥切成小块，制成鱼豆腐。

9.

锅中放植物油加热，然后放入鱼豆腐，煎至六面均呈金黄色。

10.

将切成片的胡萝卜煎熟，和煎好的鱼豆腐间隔串成串，完成。

没有烤箱怎么办?

用蒸箱或者上锅蒸的办法也可以做出鱼豆腐。蒸的时候，要在模具表面封保鲜膜，还需要在保鲜膜上扎小孔。注意，烤出来的鱼豆腐表面会略有鼓起，像有一层酥皮，而蒸出来的鱼豆腐不会。

椰香杏仁夹心脆

杏仁酥、杏仁饼干、杏仁糖……我喜欢一切与杏仁有关的食物。

每当要追时间跨度长、场面宏大的剧时，我就喜欢吃椰香杏仁夹心脆。浓浓的椰香配上杏仁的甜，口感丰富，幸福满足。

材 料

鸡蛋 ················1个
杏仁片 ·········100克
棉花糖 ········· 55克
椰子油 ········· 27克
奶粉 ·············15克
白糖 ·············10克
全麦粉 ··········· 8克

步 骤

1.

鸡蛋取32克蛋清，加入白糖，搅拌均匀。

2.

加入12克椰子油，搅拌均匀，然后加入全麦粉，搅拌至无干粉。

3.

加入杏仁片，搅拌均匀，制成杏仁糊。

4.

将杏仁糊分散铺在硅油纸上，压平，大小、厚薄基本一致，制成杏仁饼。

5.

将杏仁饼铺在网架上，放入预热至140℃的烤箱，烤15分钟，制成杏仁脆。

6.

将棉花糖和剩余椰子油放入不粘锅，用小火炒至棉花糖化开后立即关火。

7.

趁热加入奶粉，搅拌均匀，制成棉花糖夹心。

8.

用两片杏仁脆夹住热的棉花糖夹心，完成。

这些材料用量可以做多少椰香杏仁夹心脆？

我用的材料量不多，大约可以做 9 个椰香杏仁夹心脆。如果你想多做一些，等比例地增加材料用量即可。

为什么烤杏仁脆时容易烤焦？

首先，在加入杏仁片搅拌时，不要把杏仁片搅得太碎。其次，烤杏仁脆的时候，一定要一直盯着烤箱。杏仁脆的外围一圈上色了就是烤得差不多了，这时，可以把先上色的杏仁脆从烤箱里取出来，然后继续烤剩下的杏仁脆。分批取出杏仁脆就不会出现部分杏仁脆烤焦的情况了。

怎样避免棉花糖夹心变得硬硬的？

炒棉花糖不宜炒得过久，不然冷却后，棉花糖夹心就会变硬。炒棉花糖时，看到棉花糖一化开，变成软糯的一大坨时就要马上关火，用锅的余温将棉花糖和奶粉搅拌均匀。

不喜欢棉花糖夹心怎么办？

不喜欢棉花糖夹心的人可以不做夹心，直接吃杏仁脆，也可以依个人口味，在烤好的杏仁脆上抹上巧克力酱等其他材料。

生椰拿铁雪花酥

生椰拿铁是近来很火的一种饮品，今天，我们就把生椰拿铁的味道做到小零食里。这款生椰拿铁雪花酥的制作方法很简单，不需要烤箱，用平底锅就能做，非常方便。将它包装起来作为礼品送人也很不错！

材　料

棉花糖········200克	开心果(去皮)··40克	可可粉············5克
饼干············150克	椰子油··········40克	生椰粉············适量
巴旦木(去皮)·····················50克	奶粉·············30克	
蔓越莓干·······50克	椰蓉·············10克	
	咖啡粉···········10克	

步　骤

1. 热锅，放入椰子油和棉花糖，炒至棉花糖化开，变成一团。

2. 加入奶粉、椰蓉、咖啡粉和可可粉，迅速翻炒均匀。

3. 关火，加入饼干、蔓越莓干、巴旦木和开心果。

4. 拉扯棉花糖，使棉花糖均匀地包裹住饼干、蔓越莓干、巴旦木和开心果。

5. 在硅油纸上撒奶粉（分量外），铺上搅好的棉花糖，整成长方体，然后撒生椰粉。

6. 晾凉，除去硅油纸，然后切成小块，完成。

蒜香扭扭酥
我身边有很多人喜欢蒜香味道的零食，我自己也很喜欢，你喜欢吗？这款蒜香扭扭酥又酥又香，一口咬下去，会获得无尽的满足感。一边追剧一边吃蒜香扭扭酥，让自己跟着剧情扭起来吧！制作蒜香扭扭酥的过程也很有趣呢。

材 料

鸡蛋	1个	蒜蓉	适量	黄油	适量
手抓饼	2张	葱花	适量	白芝麻	适量

步 骤

1. 混合蒜蓉、葱花和软化的黄油，搅拌均匀，鸡蛋取蛋黄，打成蛋黄液。

2. 在一片放软的手抓饼上刷蛋黄液，然后铺上搅拌好的蒜蓉葱花。

3. 盖上另一片放软的手抓饼，按压均匀，制成馅饼。

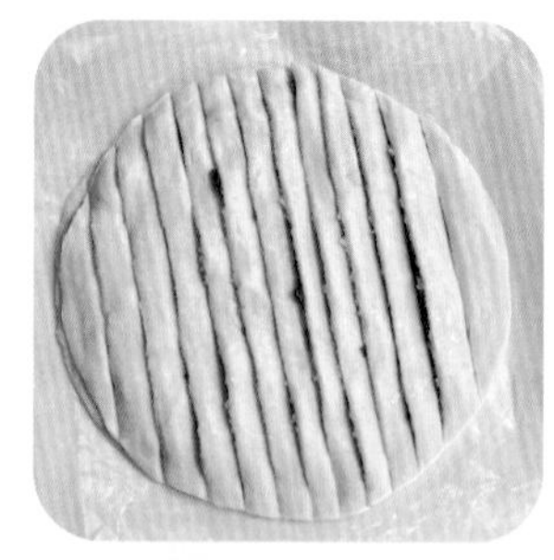

4. 将馅饼切成条，制成饼条。

5. 捏住饼条两端，对折后拧成麻花，刷蛋黄液，撒白芝麻，放在铺好硅油纸的烤盘上。

6. 将烤盘放入预热至180℃的烤箱，烤15分钟，中途加盖锡纸，完成。

在烘烤的过程中，桃酥会自己慢慢地摊开，然后慢慢地上色，真的很神奇！不用去整理形状，静静地等待就可以了。这样做出来的桃酥形状好看，纹理均匀，口感酥脆，就像买的一样！

材 料

鸡蛋 ················1 个
中筋面粉······· 85 克
猪油 ············ 60 克
绵白糖 ·········· 45 克
低筋面粉········15 克
泡打粉··········1.5 克
盐 ····················1 克
小苏打·············1 克
黑芝麻 ············ 适量

步 骤

1. 混合绵白糖、盐和软化的猪油，搅拌均匀，然后打发至蓬松、泛白。

2. 鸡蛋取蛋黄，打成蛋黄液，分多次倒入打发的猪油，每次都要搅匀。

3. 混合中筋面粉、低筋面粉、泡打粉和小苏打，过筛后加入打发的猪油。

4. 搅拌至无干粉，然后切拌成面团，揉匀。

5. 将面团等分成 8 个小面团，揉圆。

6. 在中心戳小坑，放入黑芝麻，放入预热至 180℃ 的烤箱，烤 16 分钟，完成。

奶酪鸡蛋仔

据说，鸡蛋仔是一位杂货店老板为了不浪费破损的鸡蛋而发明的，后来又改良了模具，便成了大受欢迎的经典小吃。刚出炉的鸡蛋仔酥脆可口，追剧的时候撕着吃，绝对是度过美好时光的不二选择！

材　料

鸡蛋 …………… 2 个
白糖 ………… 90 克
木薯淀粉……. 20 克
低筋面粉……140 克
奶油奶酪……. 60 克
植物油 ………… 适量
牛奶 ………… 110 克
黄油 ………… 50 克

步　骤

1. 将鸡蛋打入容器，加入白糖。

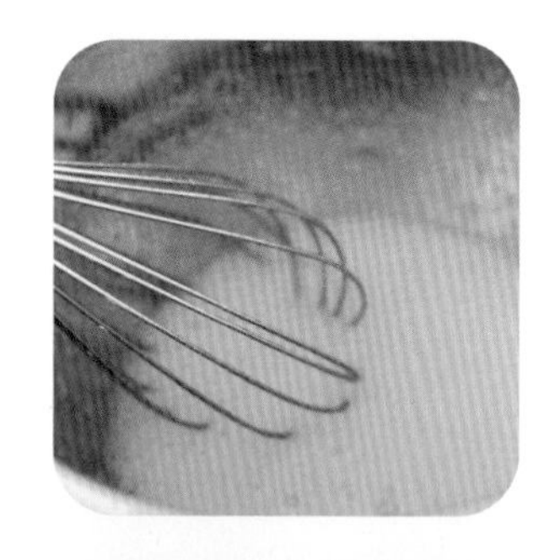

2. 搅打至有细腻的泡沫。

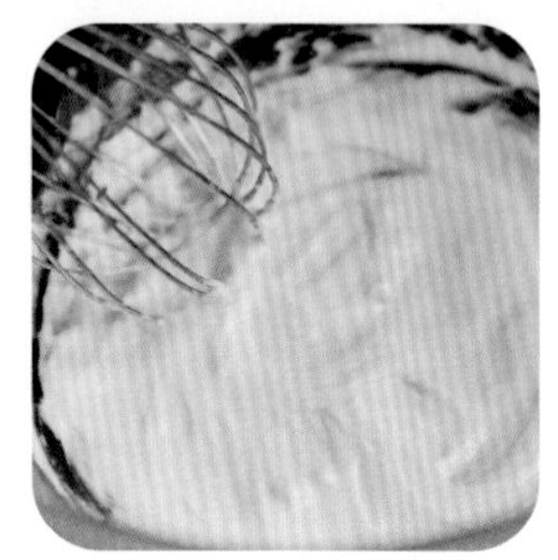

3. 将奶油奶酪隔水加热至化开，然后打发。

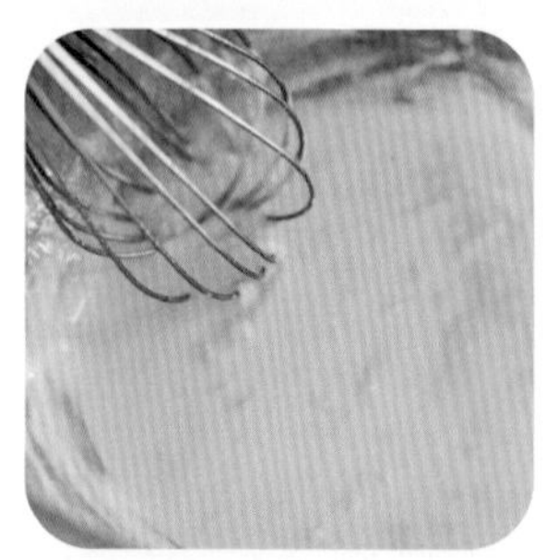

4. 倒入牛奶，搅拌均匀。

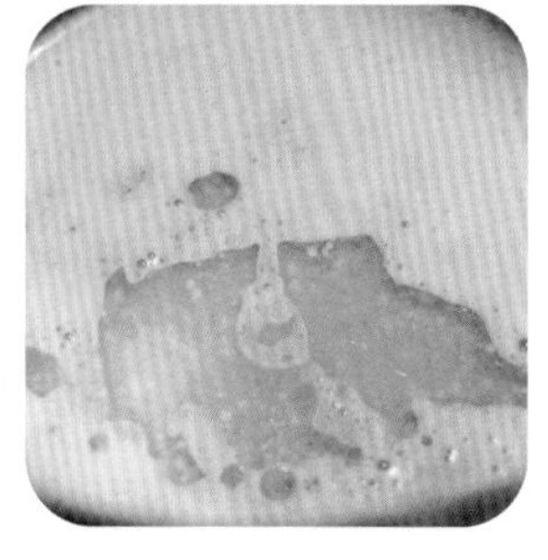

5. 将黄油隔水加热至化开，与打好的蛋液、打发的奶油奶酪混合。

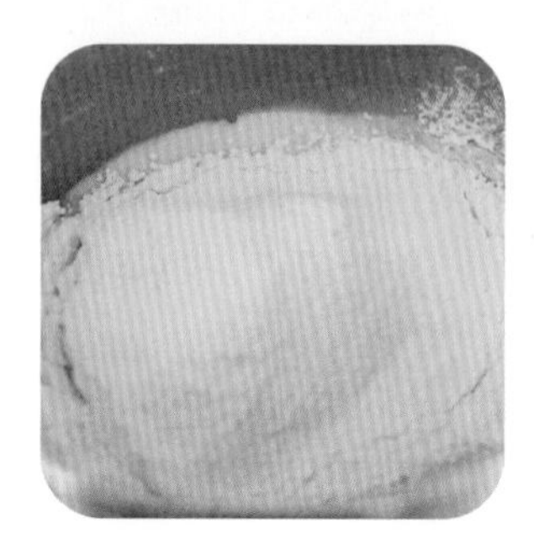

6. 筛入低筋面粉和木薯淀粉。

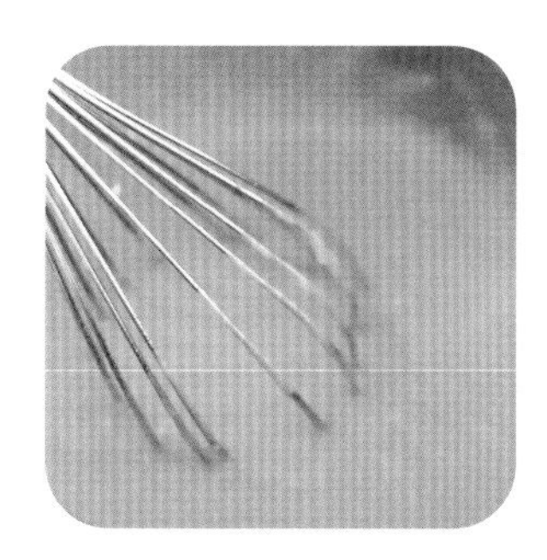

7.

搅拌至无干粉，静置30分钟，制成面糊。

8.

在模具中薄薄地刷一层植物油，预热模具。

9.

将面糊舀入预热好的模具。

10.

盖上模具盖子，加热 3 分钟，完成。

将面糊舀入模具中间就可以吗?

是的，要将模具外围留出来，不舀入面糊。这是因为面糊受热后会膨胀，如果模具外围也有面糊，面糊受热后很容易溢出来。

为什么做出来的鸡蛋仔是实心的?

正常的鸡蛋仔应该大部分是空心的，仅有个别是实心的，如果大部分是实心的，则说明面糊太稠了，需要将面糊做得稀薄一些。

奶香小麻花

这款奶香小麻花酥脆不油腻，是我追剧时必吃的小零食之一，尤其是在追“虐心”的剧时，我总会多吃点儿香酥的奶香小麻花，中和一下剧中情节给我带来的悲伤。你也试试吧，吃进嘴里嘎嘣脆，心情会瞬间变好！

材 料

面粉……………500 克　蛋液……………60 克　小苏打…………2 克

牛奶……………180 克　食用油…………45 克

白糖……………80 克　泡打粉…………3 克

步 骤

1\. 混合牛奶、蛋液和食用油，搅拌均匀，然后加入白糖，搅拌均匀。

2\. 筛入面粉、小苏打和泡打粉，搅拌至无干粉，然后揉成面团。

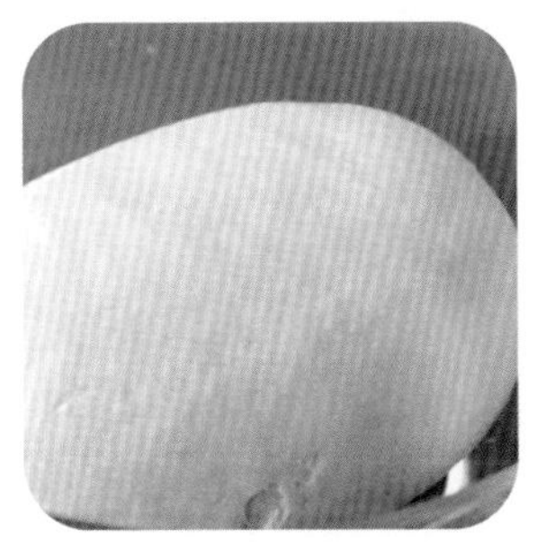

3\. 将面团裹入保鲜膜，静置 20 分钟，然后揉至出光面，再裹入保鲜膜，静置 30 分钟。

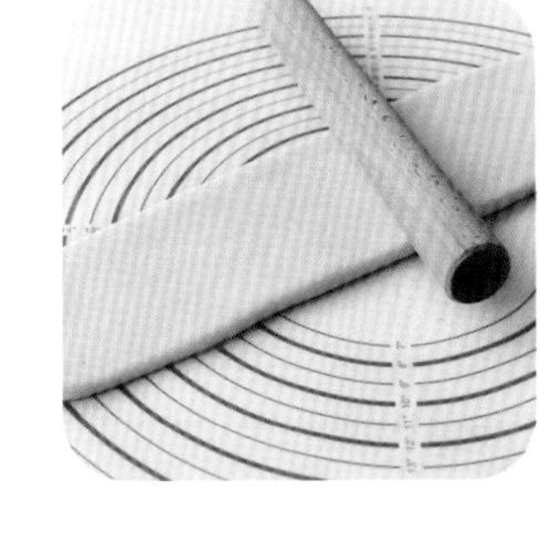

4\. 将面团等分成 2 份，分别揉匀，搓长，擀成厚度约为 0.5 厘米的长面饼。

5\. 将长面饼切成面条，然后搓长。

6\. 按住搓长的面条的一头，向一个方向搓另一头，然后提起两头，使其自然扭成麻花。

7.

用同样的方法再搓一次，扭成小麻花。

8.

捏一下小麻花两头的接口处，收好接口。

9.

加热食用油（分量外）至五成热，放入小麻花，用小火炸。

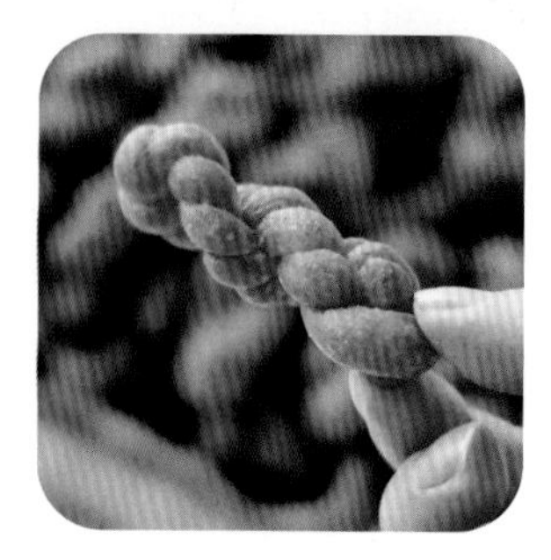

10.

不停翻动小麻花，炸至呈金黄色、变硬后捞出，控油，完成。

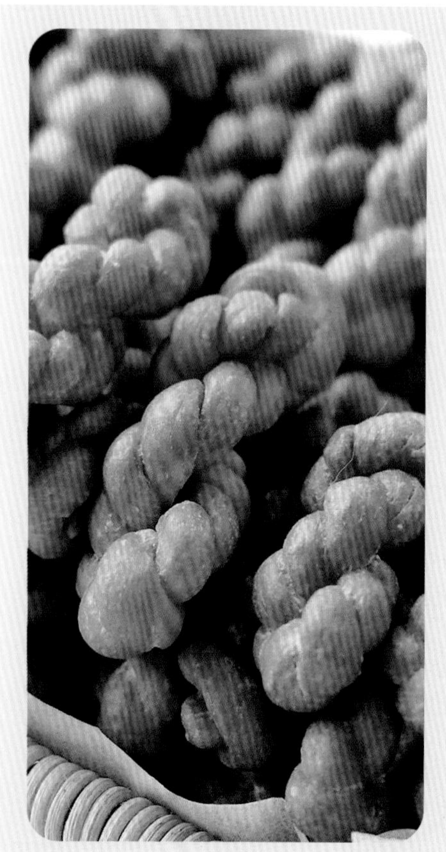

扭麻花时如何掌握力度？

扭麻花时，搓到比较吃力的时候就可以把两头提起来，这样面条就自然地扭在一起了。千万不要一直用力搓，一直用力会把面条搓断。

怎样判断油温？

食用油加热至五成热的时候，把一根木头筷子放进油里，筷子周围会快速升起很多小气泡。

炸麻花时应该注意些什么？

一定要用小火慢慢地炸，不要着急，并且要不停地翻动麻花，让它们均匀受热。

可以改变麻花的味道吗？

可以，喜欢甜味的人可以多加 20 克白糖，喜欢咸味的人可以在加白糖的时候加适量的盐。

第五章 辣爽了

无论是第一章里古色古香的传统糕点，还是第二章里甜甜腻腻的蛋糕点心，或是第三章里高颜值、低热量的“网红”美食，抑或是第四章里香香脆脆的爽口零食，几乎都是香甜口味的，是不是觉得缺少了点儿什么呢?

在这一章里，让我们来换换口味，来点儿麻辣小零食吧！香、辣、麻、爽，就着这样的小零食看看悬疑剧，给自己的感官再增加点儿刺激吧！

麻辣棒棒鸡
第一次吃到麻辣棒棒鸡时，我就被它那酥脆的外皮深深吸引了。细细品味后，会感到一股刺激又过瘾的麻辣味道在口中翻滚，像一团烈火，每一分、每一秒都在刺激着我们的味蕾，真的是“辣爽了”！刚出锅的麻辣棒棒鸡的口感是最好的，一定要趁热吃！

材　料

鸡胸肉…………2块	辣椒粉…………10克	沙拉酱…………适量
纯净水………125克	烧烤料…………10克	番茄酱…………适量
淀粉…………60克	盐…………………5克	白胡椒粉………适量
面粉…………50克	花椒粉………2.5克	
生抽…………10克	面包糠…………适量	
蚝油…………10克	食用油…………适量	

步　骤

1. 去掉鸡胸肉上的筋膜和多余的油脂，然后切成大块，放入容器。

2. 加入生抽、蚝油、盐、辣椒粉、白胡椒粉、烧烤料、花椒粉和10克淀粉。

3. 抓拌均匀，封上保鲜膜，静置2小时，然后将鸡胸肉块串起来。

4. 混合面粉、纯净水和剩余淀粉，搅拌均匀，裹在鸡胸肉串上。

5. 再裹上一层面包糠，然后刷一层食用油，制成棒棒鸡。

6. 将棒棒鸡放入空气炸锅，炸20分钟，然后挤上沙拉酱和番茄酱，完成。

麻辣鸡肉串
在外面吃烧烤时，总觉得味道有欠缺，感觉不够辣，有时吃很久才能感觉到一丝丝辣。干脆自己做吧！自己做的麻辣鸡肉串肉质鲜嫩、辣爽十足，能让自己充分体验到麻辣给人带来的畅快感。

材 料

鸡腿…………… 4 个	盐 …………… 2.5 克	熟白芝麻……… 适量
生抽 ……………10 克	孜然粉………… 适量	
淀粉 ………… 7.5 克	辣椒粉………… 适量	
蚝油 …………… 5 克	食用油………… 适量	

步 骤

1. 鸡腿去骨、去皮，然后切成小块,放入容器。

2. 加入生抽、蚝油、盐和淀粉，抓拌均匀，然后倒入食用油。

3. 静置 2 小时，然后将鸡腿肉块串起来，制成鸡肉串。

4. 将鸡肉串放入烤箱，烤至外皮呈金黄色。

5. 取出烤好的鸡肉串，撒上辣椒粉和孜然粉。

6. 撒上熟白芝麻，完成。

麻辣牙签肉

麻辣牙签肉是我日常休闲时常备的一种小零食。一口一串，肉质细嫩又有嚼头，不干不柴，麻辣十足。每当我拿给身边的朋友们品尝，他们总会对它的辣、麻、香、酥赞叹不已，不光盘绝不罢休。这款追剧必备的小零食吃起来真的是太过瘾了！

材 料

前夹肉…………2 块	白糖……………5 克	白胡椒粉………3 克
淀粉……………10 克	花椒……………5 克	食用油…………适量
蚝油……………10 克	白芝麻…………5 克	干辣椒…………适量
生抽……………10 克	辣椒粉…………5 克	
盐……………7.5 克	孜然粉…………5 克	

步 骤

1. 去掉前夹肉上的筋膜，将前夹肉处理干净。

2. 将处理好的前夹肉切成片，放入容器。

3. 加入生抽、盐、蚝油、淀粉和白胡椒粉。

4. 抓拌均匀，然后封上保鲜膜，冷藏 20 分钟。

5. 将冷藏后的前夹肉片串起来，一根牙签串一片前夹肉，制成肉串。

6. 加热食用油至五成热，放入肉串，用中小火慢炸至变色，捞出，控油。

7.

留取适量食用油倒入炒锅，再次加热后加入花椒，炸至出香味。

8.

加入干辣椒、辣椒粉、孜然粉、白糖和白芝麻，炒至出香味。

9.

加入炸好的肉串，翻炒均匀。

10.

盛出，控油，完成。

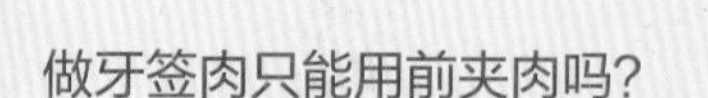

做牙签肉只能用前夹肉吗?

不是的。可以用梅花肉来代替前夹肉，口感差不多。用其他的肉也可以，但口感不如前夹肉或梅花肉好。

做好的牙签肉的牙签总是黑乎乎的，怎样做更美观?

在串肉前，将牙签放入清水浸泡 10 分钟，可以有效避免牙签被炒黑。

“老干妈”麻辣吐司
相信火辣辣的“老干妈”是很多人的下饭“神器”，但大部分人不会想到它还可以与吐司搭配。这款有点儿“黑暗料理”的重口味吐司出奇地好吃，吃腻了甜面包，又喜欢重口味的朋友，真的可以来试试！

材 料

鸡蛋 ……………1个	“老干妈”牛肉酱 ………………… 50克	即发干酵母…… 5克
高筋面粉…… 500克	黄油 ………… 40克	香肠 ……………适量
纯净水 ……… 260克	盐 ……………… 5克	
白糖 ………… 60克		

步 骤

1. 将鸡蛋打入容器，然后加入剩余除黄油和香肠外的所有材料，搅拌均匀。

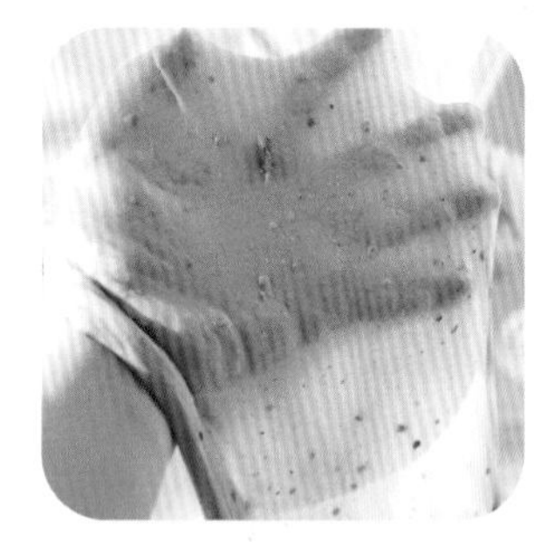

2. 揉至出粗膜。

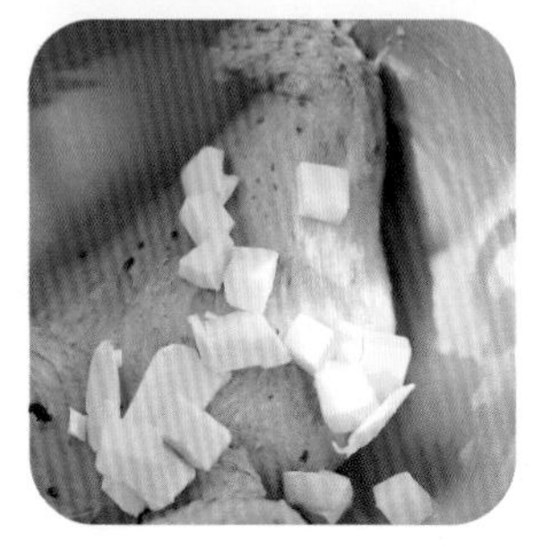

3. 将黄油切成丁，放在室温下软化后揉入面团，至完全吸收。

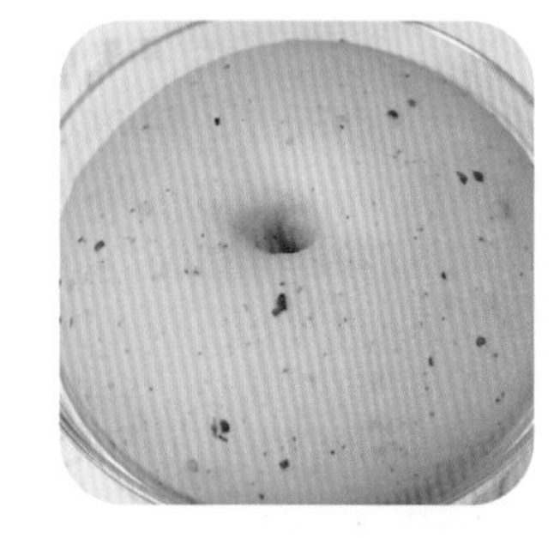

4. 静置面团，发酵至2倍大小，然后按压排气，再静置15分钟。

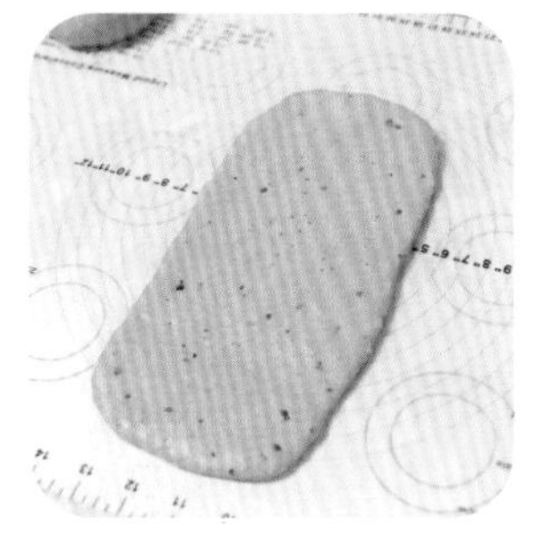

5. 将面团等分成6份，静置20分钟，然后擀成长方形面饼。

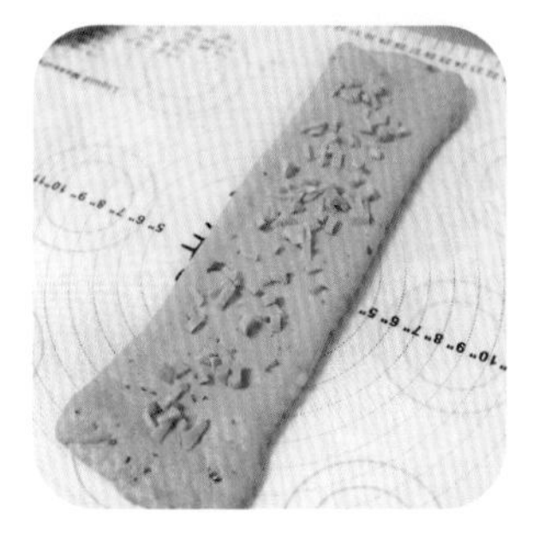

6. 竖向对折面饼，擀平，然后将香肠切成丁，铺在面饼上。

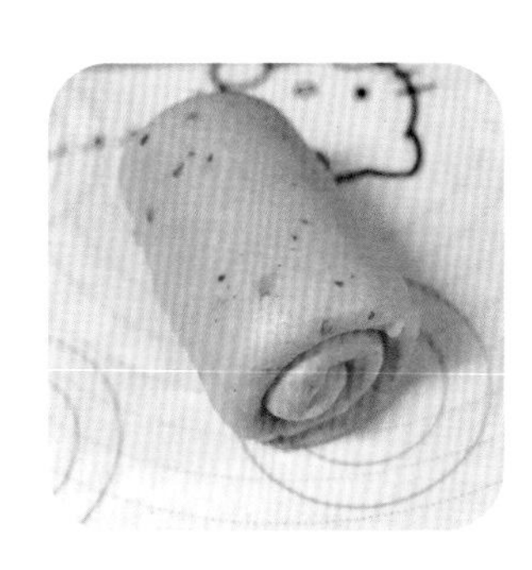

7.

卷起面饼，制成面卷，接口处朝下，放入模具。

8.

静置，让面卷发酵至模具的九分满，然后将模具放入预热至 180℃的烤箱下层。

9.

烤 40 分钟，放凉后脱模，将烤好的面包切片，完成。

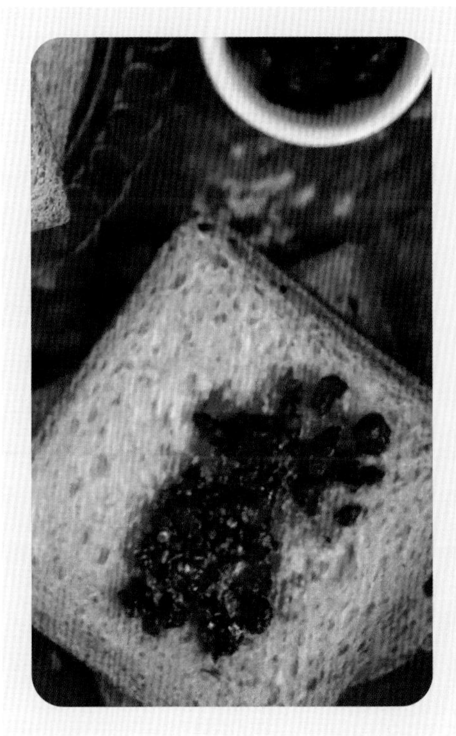

烤出来的吐司有些湿，怎么办?

在揉面的时候，可以先留出来 20 克纯净水，看面团的干湿程度酌情加入。

怎样擀面饼能擀得更均匀?

从面团的中间开始，先往上擀一下，再往下擀一下。然后翻面，同样从中间开始，先往上擀一下，再往下擀一下。

口味重的人可以增加“老干妈”的量吗?

可以。还可以在加香肠丁之前，先抹一层“老干妈”牛肉酱，再铺香肠丁。在吃吐司时，也可以抹一层“老干妈”牛肉酱。

麻辣豆腐干
朋友圈里有晒娃的、晒男朋友的、晒车的，而我只爱晒美食。每次晒完美食，我都会一边追剧一边把它们吃光。这款麻辣豆腐干不仅能征服你的胃，还能征服你的心，保证百吃不腻！它香辣爽口，当追剧小零食真的很不错。

材料

豆腐干…………8片	孜然粉…………10克	胡椒粉………2.5克
干辣椒………20克	白糖……………5克	食用油…………适量
白芝麻…………15克	辣椒粉…………5克	
辣椒酱…………15克	五香粉…………5克	
花椒……………10克	盐……………2.5克	

步骤

1.

将豆腐干切成三角形，干辣椒切成段。

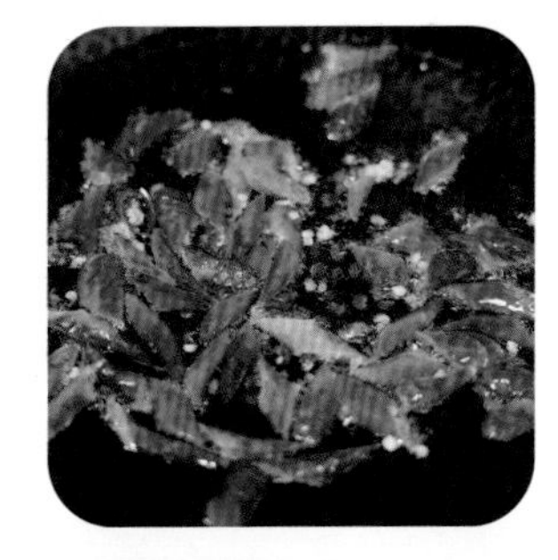

2.

将食用油倒入锅中加热，然后加入花椒和干辣椒段，炸至出香味。

3.

加入切好的豆腐干，用小火慢炒至表皮起泡。

4.

加入盐、白糖、胡椒粉、五香粉、辣椒粉、孜然粉和白芝麻，翻炒均匀。

5.

加入辣椒酱，翻炒均匀，完成。

怎样避免将干辣椒炸糊？

干辣椒不要切得太小，炸的时候注意油温不要太高，用小火炸，这样就可以避免将干辣椒炸糊。

麻辣豆腐皮

我的世界里，唯美食与爱不可辜负！我喜欢用美食把自己宠成“小公主”，窝在沙发里，一边追剧一边享受美食。这款简单又好做的麻辣豆腐皮就是可以吃一辈子的美味，将它当作追剧小零食，麻辣爽口，非常不错。

材　料

香菜……………2根
大蒜……………3瓣
豆腐皮…………5张
辣椒粉………20克
熟白芝麻……20克
孜然粉…………15克
白糖……………10克
生抽……………10克
芝麻酱…………5克
盐………………3克
食用油…………适量

步　骤

1.

将豆腐皮切成三角形，放入水中浸泡一会儿，然后捞出，沥干。

2.

将大蒜剁成蒜末，与辣椒粉、孜然粉、熟白芝麻混合，搅拌均匀，制成调料。

3.

加热食用油，浇在调料上，然后加入盐、白糖、生抽和芝麻酱，搅拌均匀。

4.

将香菜切碎，与搅好的调料和沥干水的豆腐皮混合。

5.

搅拌均匀，完成。

麻辣烤面筋
我习惯只吃七分饱，并不是为了养生，而是因为我要品尝太多美味，要留下“三分胃”为美食做好准备。可是，每次吃起麻辣烤面筋，我便很难控制自己，总是吃得停不下来。这款麻辣烤面筋香辣过瘾，好吃有嚼劲，追剧时吃它超级满足！

材　料

面筋……………12条	生抽……………10克	芝麻酱………… 5克
花椒油…………15克	白芝麻………… 5克	盐……………… 2.5克
辣椒粉…………10克	蚝油…………… 5克	
孜然粉…………10克	辣椒酱………… 5克	

步　骤

1. 将盐和面筋放入烧开的热水，浸泡5分钟，然后捞出面筋，沥干。

2. 混合白芝麻、辣椒粉和孜然粉，然后加热花椒油，浇在混合粉上。

3. 加入生抽、蚝油、辣椒酱和芝麻酱，搅拌均匀，制成酱汁。

4. 留出少量酱汁备用，将剩余酱汁浇在沥干水的面筋上，涂抹均匀。

5. 将涂有酱汁的面筋放入空气炸锅，用180℃炸15分钟，中途取出翻面。

6. 刷上留出的酱汁，完成。

麻辣小土豆

追剧的时候，一定要来点儿麻辣美食。当辣椒与味蕾缠绵，仿佛能擦出一种别样的爱情火花，让人全身都暖暖的。麻辣小土豆软糯鲜香、麻辣爽口，把它当作追剧小零食，饱腹又过瘾！

材 料

香菜……………2根	孜然粉…………15克	花椒……………5克
小土豆……1000克	盐………………10克	食用油…………适量
辣椒粉………20克	白芝麻…………10克	

步 骤

1. 将小土豆放入沸水锅煮10分钟，然后捞出，沥干，放凉。

2. 去掉小土豆的皮，将香菜切碎。

3. 将食用油放入锅中加热，然后放入去皮的小土豆，煎至表皮呈金黄色。

4. 加入辣椒粉、孜然粉、盐、白芝麻和花椒，翻炒，然后加入香菜碎，炒匀。

5. 将炒好的小土豆串成串，完成。

麻辣花生糯米船

每次看着自己做的麻辣花生糯米船，心情总是非常愉悦，略带一丝辣子香味的它让人一吃就停不下来，是全家人的追剧必备。麻辣花生糯米船出炉时是软的，凉了之后会变得非常酥脆，非常好吃！

材　料

糯米船…………12 个	白糖……………15 克	花椒粉……………1 克
熟花生………… 80 克	淡奶油…………10 克	
水饴……………18 克	辣椒粉………… 2 克	
黄油……………15 克	孜然粉……………1 克	

步　骤

1\.

混合除糯米船和熟花生以外的所有材料，放入锅中。

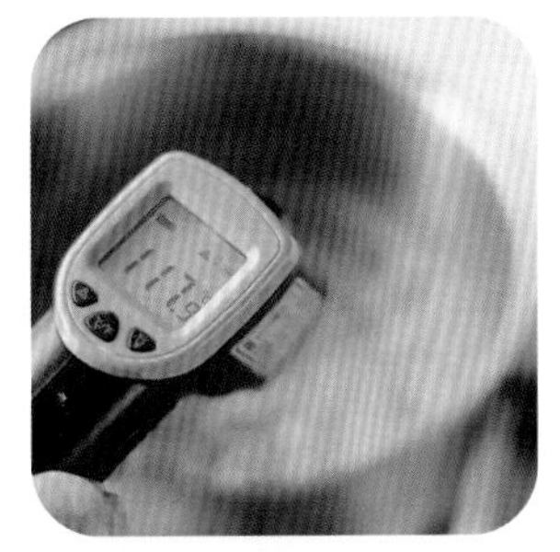

2\.

用小火慢煮，期间不断搅拌，温度升至 115 ℃ ~120 ℃后立刻关火。

3\.

加入熟花生，搅拌均匀，制成花生料。

4\.

将糯米船摆在烤盘上，把花生料放进糯米船，不要放得太满。

5\.

将烤盘放入预热至 150℃的烤箱，用上下火烤 20 分钟，完成。

怎样让花生均匀地裹上酱料？

将花生放在烤箱里，在 90℃下保温，需要的时候拿出来，这样更容易使花生与酱料混匀。

麻辣魔芋丝
越是闲暇时刻，越是想念麻辣味道，又麻、又辣、又香的小零食总是让我们欲罢不能！这款超赞的麻辣魔芋丝，每一口都让人神清气爽，无比回味。魔芋丝非常有嚼劲，越吃越过瘾，是追剧时不可错过的小零食。

材　料

香叶……………2片	花椒……………5克	八角……………2克
大蒜……………3瓣	孜然粉…………5克	生姜……………适量
干魔芋丝……100克	辣椒粉…………5克	植物油…………适量
生抽……………15克	花椒油…………5克	
红油豆瓣酱……15克	熟白芝麻………5克	
干辣椒…………10克	桂皮……………2克	

步　骤

1.

浸泡干魔芋丝40分钟，然后加入干辣椒、花椒、桂皮、八角、香叶和10克生抽。

2.

将混合好的材料放入锅中煮5分钟，然后捞出魔芋丝，沥干。

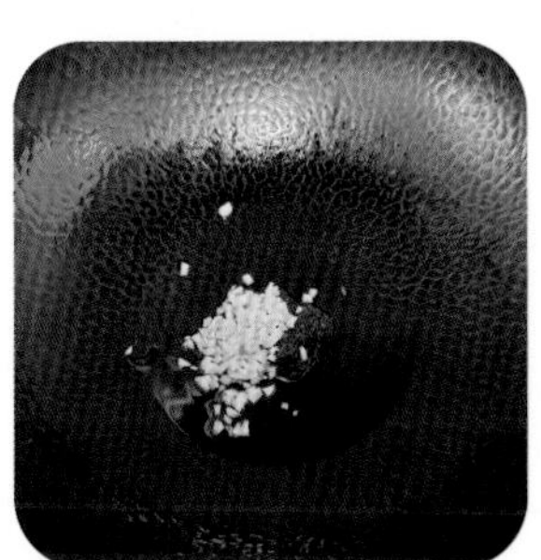

3.

将生姜、大蒜剁成末，换锅加热植物油，放入蒜末、姜末和红油豆瓣酱。

4.

用小火慢炒至出红油。

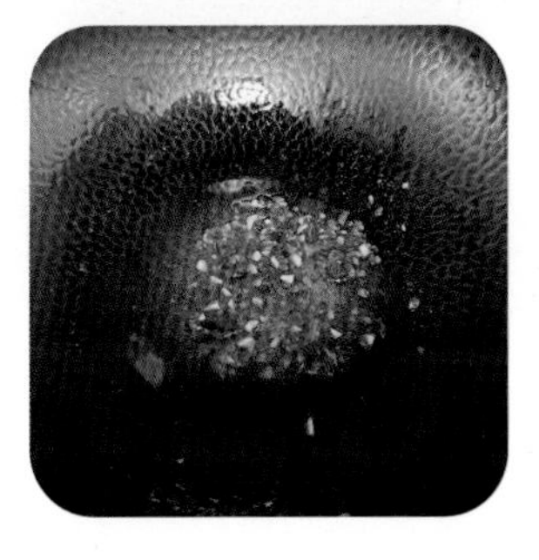

5.

加入辣椒粉、孜然粉、花椒油和剩余生抽，翻炒均匀。

6.

加入沥干水的魔芋丝，翻炒均匀，关火，撒上熟白芝麻，完成。

麻辣鱿鱼
忘记烦恼最快的方式就是吃。尤其在休闲时光里，一定要准备一点儿麻辣美食，让自己快速忘记忧愁，找回快乐。这款麻辣鱿鱼丝能让我们品尝到幸福感，会给我们的生活注入更多情趣！

材 料

洋葱……………半个	辣椒酱…………5 克	姜片……………适量
鱿鱼须……600 克	孜然粉…………5 克	料酒……………适量
干辣椒………20 克	盐………………2 克	食用油…………适量
花椒……………6 克	葱结……………适量	熟白芝麻………适量
生抽……………5 克	葱段……………适量	

步 骤

1\. 将鱿鱼须、葱结、姜片和料酒放入沸水锅中，焯 2 分钟，捞出鱿鱼须，沥干。

2\. 将洋葱切成丝，换锅加热食用油，放入花椒、干辣椒和洋葱丝，炒至出香味。

3\. 放入沥干水的鱿鱼须，翻炒均匀。

4\. 放入辣椒酱、生抽、孜然粉和盐，翻炒均匀。

5\. 放入葱段，翻炒均匀，关火。

6\. 将炒好的鱿鱼须串成串，撒上熟白芝麻，完成。

油泼辣子

在本章的最后，向大家介绍一款经典辣酱的做法。虽然油泼辣子不算是严格意义上的小零食，但无论是单吃还是配其他食物，它绝对是能够给我们带来无限刺激的麻辣食品。如果你是个“重口味玩家”，可以将这款油泼辣子与前面的任意一款麻辣小零食搭配食用，效果一定超乎想象！

材　料

洋葱…………1/4 个	十三香调料……16 克	盐………………3 克
大蒜……………2 瓣	熟花生碎………15 克	葱………………适量
干辣椒………80 克	熟白芝麻………12 克	生姜……………适量
玉米油………50 克	香醋……………10 克	

步　骤

1.

将干辣椒放入料理机，打碎。

2.

打成粗颗粒，取出一半，制成辣椒碎。

3.

继续打剩下的一半，打20秒。

4.

打成细腻的粉末，制成辣椒粉。

5.

取辣椒碎和辣椒粉各20克。

6.

加入熟白芝麻和熟花生碎，搅拌均匀，制成辣子。

7.

将洋葱、生姜和大蒜切成片，葱切成段。

8.

将玉米油倒入锅中，加热至六成热，放入洋葱片、蒜片、葱段、生姜片和十三香调料。

9.

用中小火慢炸至出香味，捞出放入的香料，留下底油。

10.

取一半底油浇在辣子上，搅拌至无干粉，然后倒入剩余底油。

11.

加入盐和香醋，搅拌均匀。

12.

盖上盖子，静置1天，完成。

为什么做好的油泼辣子有一股煳味？

浇油的时候，不要将热油立刻浇到辣子上，要等油温降到180℃左右再浇，这样就不会将辣子烫煳了。

第六章 喝一杯

做了这么多追剧小零食，是不是感觉有些口干呢？只吃不喝怎么行？让我们来做点儿饮品吧！

这一章里有咖啡、果汁、果茶、奶茶、浓汤……不管是什么样的饮品，总能滋润我们追剧时的嘴巴，唤醒味蕾。不同的饮品搭配不同的小零食也会有不同的滋味，多尝试一下吧！

青提气泡冰美式

天气热起来以后，冰饮就要常伴左右了。窝在家里不出门，开着空调，喝着冰饮的夏天真是太美好了。这时候，打开电视，追个剧，喝着这款清爽酸甜的青提气泡冰美式，真是“爽翻了”！

材 料

青提 ·············15 颗　浓缩咖啡液···· 30 克　冰块 ··············· 适量

气泡水 ·········150 克　糖浆 ···············10 克

步 骤

1.

将 8 颗青提压碎，放在杯子底部。

2.

放入冰块至八分满，然后倒入糖浆。

3.

放入剩余青提。

4.

倒入气泡水至八分满，填满冰块空隙。

5.

倒入浓缩咖啡液，完成。

冬日莓果
冬日追剧时，在暖气房里来一杯新鲜的果汁饮料，真是再合适不过了。酸奶与红彤彤的莓果搭配，既养颜又可爱，让人爱不释手。

材　料

草莓(去蒂)·· 280 克　椰汁 ············120 克　椰蓉 ··············· 适量
酸奶 ··········· 200 克　蜂蜜 ················ 适量

步　骤

1.

取 1 颗草莓切片，贴在杯壁上，然后在杯口抹蜂蜜，倒扣杯子粘椰蓉。

2.

倒入酸奶。

3.

将椰汁和剩余草莓放入破壁机。

4.

搅打，制成草莓椰汁。

5.

将草莓椰汁缓缓倒入杯子，与酸奶形成分层，完成。

没有椰汁怎么办?

可以用等量的牛奶或者酸奶代替椰汁。

翡翠红宝石乌龙茶
石榴是秋天给我们的馈赠，它如红宝石般璀璨，把秋天的日子点缀得闪闪发光。这款翡翠红宝石乌龙茶口感丰富、有层次，石榴与乌龙茶搭配，香气弥漫，真是秋日追剧好搭档！

材　料

石榴（剥籽）…1个	青提…………15颗	冰块……………适量
乌龙茶茶包……1个	纯净水……200克	

步　骤

1.

将青提对半切开，放在杯底，压碎。

2.

放入冰块。

3.

将纯净水烧开，倒入另一个杯子，放入乌龙茶茶包，浸泡3分钟。

4.

将茶汤倒入装有冰块的杯子，至八分满。

5.

放入几粒石榴籽，剩余石榴籽榨汁，过滤，然后倒入杯子，完成。

雪燕桃胶思慕雪

思慕雪富含维生素，堪称“杯中的一餐”。这款思慕雪中除了有杧果、猕猴桃和木瓜，还有桃胶和雪燕，堪称“轻奢版”的思慕雪了。

材 料

木瓜（去皮、去籽）…………………150克

杧果（去皮、去核）…………………150克

猕猴桃（去皮）…………………100克

冰牛奶………100克

干桃胶………… 4克

干雪燕………… 2克

蜂蜜……………适量

步 骤

1. 浸泡干桃胶和干雪燕24小时，然后捞出，放入沸水锅中，用中小火煮15分钟。

2. 将猕猴桃切出少量薄片，贴在杯壁上，剩余的放入破壁机，打成泥。

3. 将杧果切成块，与50克冰牛奶放入破壁机，搅打成糊。

4. 依次将打好的猕猴桃泥和杧果糊倒入杯子，形成分层。

5. 将木瓜和剩余冰牛奶放入破壁机，搅打成糊，倒入杯子。

6. 捞出煮好的桃胶和雪燕，放入杯子，淋上蜂蜜，完成。

奥利奥奶盖茶

人间最美好、最值得回味的情感，其中的对象往往不是最爱你的那个人，也不是你最爱的那个人，而是在最适合的时间恰好出现的那个人。珍惜眼前人，为他（她）做一杯奥利奥奶盖茶，与甜蜜来一次亲密接触吧！
SUNNY

材　料

红茶茶包……1个	淡奶油……75克	巧脆卷……适量
纯净水……500克	炼乳……20克	装饰花草……适量
牛奶……80克	红糖……12克	奥利奥饼干……适量
黑白淡奶……30克	白糖……适量	

步　骤

1\. 将纯净水、红糖、红茶茶包放入锅中，煮至沸腾，然后取出红茶茶包。

2\. 混合黑白淡奶、25克淡奶油、牛奶、炼乳，搅拌均匀。

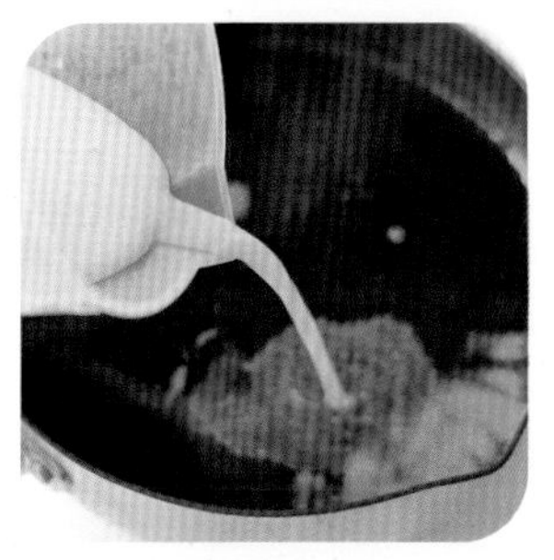

3\. 混合煮好的茶汤和搅好的牛奶混合液，搅拌均匀，制成奶茶。

4\. 留出1块奥利奥饼干，将剩余的压碎，大部分放入杯子，然后倒入奶茶。

5\. 混合白糖和剩余淡奶油，打发，加入留出的奥利奥碎，搅拌均匀，装入裱花袋。

6\. 将打发的淡奶油挤入杯子，用奥利奥饼干、巧脆卷和装饰花草装饰，完成。

红糖冻奶茶

简简单单就能做出一杯很好喝的奶茶。这款红糖冻奶茶冷热皆宜，奶香浓郁，是一款百搭奶茶，喜欢喝奶茶的人一定要试试！用真正的牛奶做出来的奶茶与用奶茶粉冲出来的奶茶味道完全不一样，它更顺滑，也更健康。

材　料

红茶茶包……………1个	红糖……………32克	炼乳……………20克
纯净水…………1000克	黑白淡奶…………30克	白凉粉……………10克
牛奶……………80克	淡奶油……………25克	

步　骤

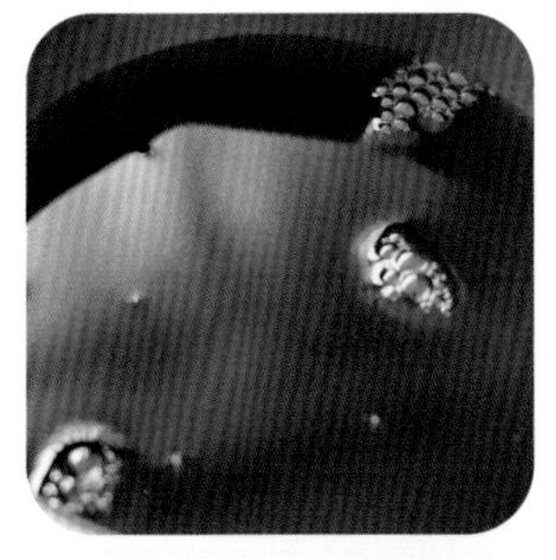

1. 将500克纯净水和20克红糖放入锅中，煮至红糖化开，加入白凉粉，搅拌均匀。

2. 将混合液倒入模具，冷藏30分钟，然后脱模，切成块，制成红糖冻。

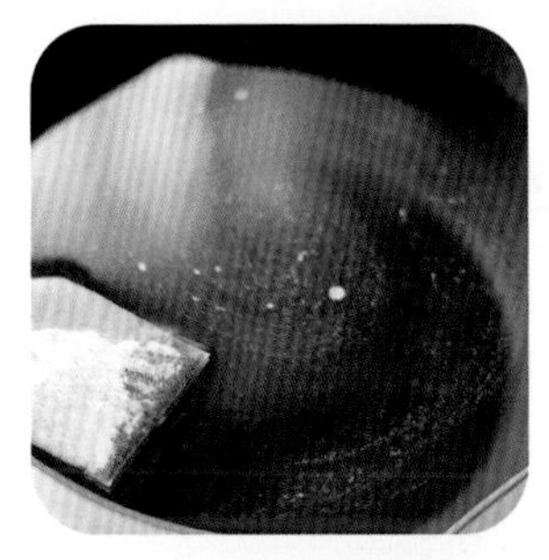

3. 将红茶茶包和剩余纯净水、红糖放入锅中，煮至沸腾，然后取出红茶茶包。

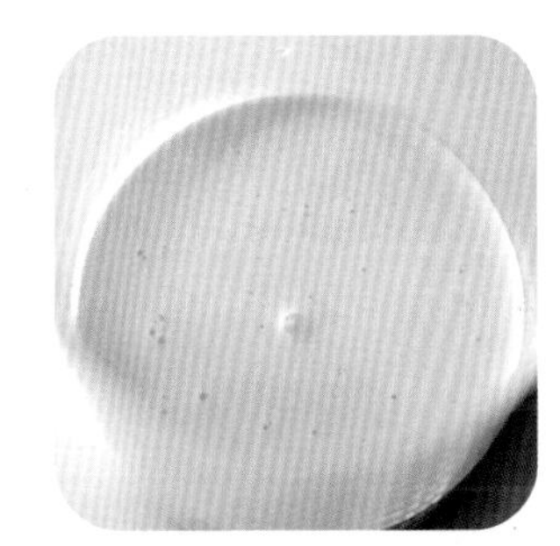

4. 混合黑白淡奶、淡奶油、牛奶、炼乳，搅拌均匀。

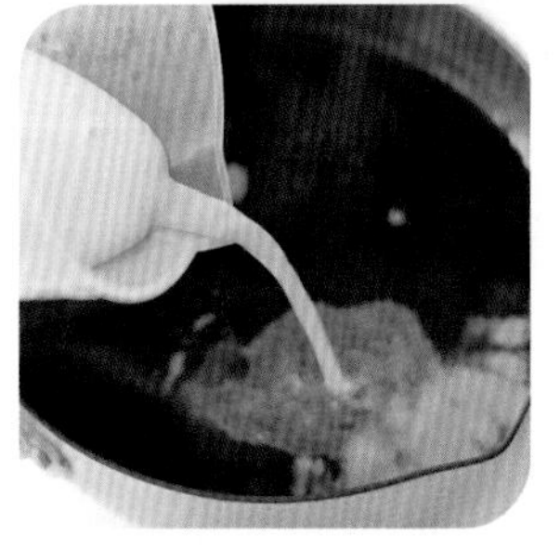

5. 混合煮好的茶汤和搅好的牛奶混合液，搅拌均匀，制成奶茶。

6. 将红糖冻放入杯子，然后倒入奶茶，完成。

豆乳奶茶
豆乳奶茶的茶香浓郁，带着淡淡的豆香，清新好喝，不甜不腻，是秋冬追剧时的不错选择。边吃小零食边喝一杯暖暖的豆乳奶茶，窝在沙发里，看个甜甜的偶像剧吧！

材 料

红茶茶包……1个	糯米粉……60克	白糖……15克
豆浆……200克	淡奶油……60克	熟黄豆粉……适量
牛奶……200克	纯净水……40克	

步 骤

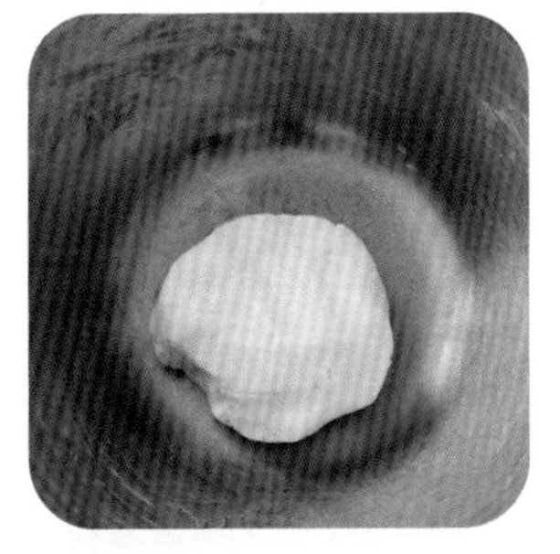

1.

将纯净水煮至80℃，与糯米粉和10克白糖混合，揉至不粘手。

2.

将面团等分成18个小面团，揉圆，裹一层糯米粉（分量外）。

3.

待锅内水开后下入小面团，不断搅拌，煮至漂浮后继续煮3分钟。

4.

捞出小面团，放入冷水浸泡，然后取3个串起来，制成串串。

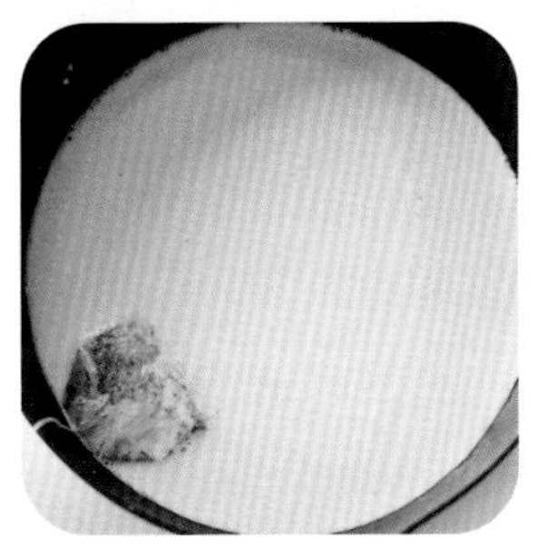

5.

将豆浆、牛奶和红茶茶包放入锅中，煮至沸腾后关火，闷5分钟，然后取出红茶茶包，制成奶茶。

6.

混合淡奶油和剩余白糖，打发。

7.

过滤奶茶，将茶汤滤入杯子。

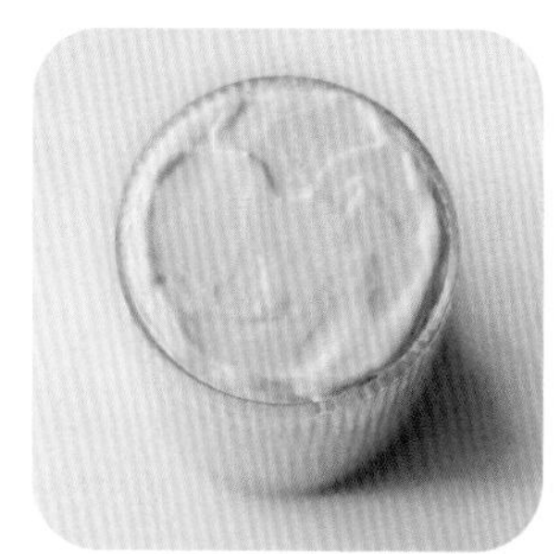

8.

挤上打发的淡奶油，抹平表面。

9.

放上串串，筛上一层熟黄豆粉，完成。

喜欢喝甜奶茶的人应该怎样做?

喜欢喝甜奶茶的人，可以在煮奶茶的时候加糖，用白糖或者代糖都可以。

只用一个串串，剩下的小面团怎么办?

剩下的小面团可以作为一道单独的小甜点，筛上点儿熟黄豆粉即可直接吃。还可以将吃不上的放入冰箱冷藏，在三天内吃完即可。

南瓜浓汤香甜细腻，入口有一种绵绵的感觉，从鼻子里呼出来的气都是醇香的，让人欲罢不能。夏天，把它放在冰箱里凉着；冬天，现做现吃，来点儿温热的。追剧的时候端一碗南瓜浓汤，真是太自在了！

材　料

贝贝南瓜··········1个　　淡奶油·········100克　　纯净水·········· 20克

牛奶··········· 200克　　糯米粉·········· 25克

步　骤

1.

切掉贝贝南瓜的顶部，待蒸锅内水开后上锅，蒸15分钟，然后放至温热。

2.

挖出贝贝南瓜肉，与牛奶放入料理机，搅打成糊，制成奶昔，贝贝南瓜皮不要挖破，备用。

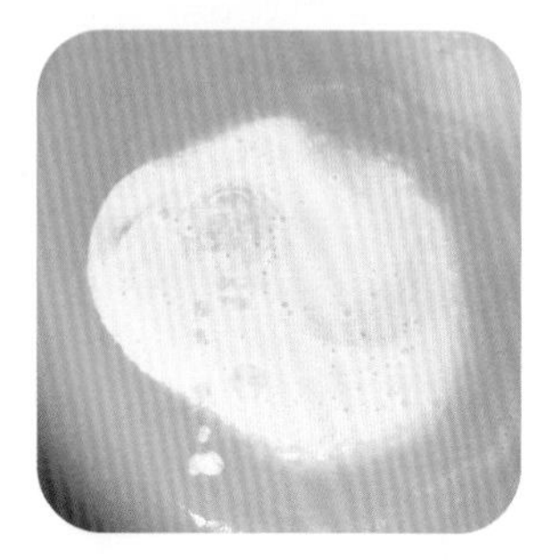

3.

将奶昔和淡奶油放入锅中，用中小火煮至浓稠，倒入贝贝南瓜皮。

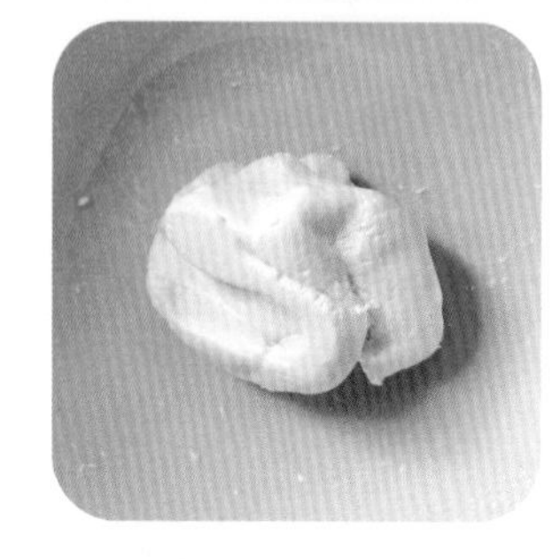

4.

加热纯净水至温热，与糯米粉混合，揉至表面光滑。

5.

将面团等分成多份，揉圆，待锅内水开后下入，煮至熟透，制成圆子。

6.

将圆子放入贝贝南瓜皮，完成。